FARWA BATOOL RIZVI
SYED GHAZANFAR RAZA ZAIDI

RECUPERAÇÃO DE ENERGIA A PARTIR DOS GASES DE ESCAPE RESIDUAIS

FARWA BATOOL RIZVI
SYED GHAZANFAR RAZA ZAIDI

RECUPERAÇÃO DE ENERGIA A PARTIR DOS GASES DE ESCAPE RESIDUAIS

DOS MOTORES TÉRMICOS

ScienciaScripts

Imprint

Any brand names and product names mentioned in this book are subject to trademark, brand or patent protection and are trademarks or registered trademarks of their respective holders. The use of brand names, product names, common names, trade names, product descriptions etc. even without a particular marking in this work is in no way to be construed to mean that such names may be regarded as unrestricted in respect of trademark and brand protection legislation and could thus be used by anyone.

Cover image: www.ingimage.com

This book is a translation from the original published under ISBN 978-620-7-45547-8.

Publisher:
Sciencia Scripts
is a trademark of
Dodo Books Indian Ocean Ltd. and OmniScriptum S.R.L publishing group

120 High Road, East Finchley, London, N2 9ED, United Kingdom
Str. Armeneasca 28/1, office 1, Chisinau MD-2012, Republic of Moldova, Europe
Printed at: see last page
ISBN: 978-620-8-33394-2

RECUPERAÇÃO DE ENERGIA A PARTIR DOS RESÍDUOS DE GASES DE ESCAPE DOS MOTORES TÉRMICOS

FARWA BATOOL RIZVI

(Bacharelato em Química,
Universidade Ned de Engenharia e
Tecnologia, Karachi).

SYED GHAZANFAR RAZA ZAIDI

(Mestrado em Química,
Universidade Ned de Engenharia e
Tecnologia, Karachi).
(Licenciatura em Polímeros e Petroquímica,
Universidade Ned de Engenharia e
Tecnologia, Karachi).

Prefácio

O livro intitulado "*Energy Recovery From The Waste Exhaust Gas From The Heat Engines*" (*Recuperação de energia a partir dos gases de escape residuais dos motores térmicos*) inclui esforços baseados na investigação com o objetivo de facilitar o estudo e a compreensão de diferentes aspectos da recuperação de calor residual em operações industriais. No mundo atual, confrontado com o aumento dos preços dos combustíveis e com as preocupações sobre o aquecimento global, a procura de soluções que reduzam as emissões de gases com efeito de estufa e aumentem a eficiência tornou-se mais difícil. Este projeto mergulha no promissor domínio dos sistemas de recuperação de calor residual, onde os investigadores estão a explorar formas de captar a energia produzida durante os processos industriais. Estes sistemas oferecem potenciais benefícios como a poupança de energia, a redução das emissões e uma maior sustentabilidade. Assim, este livro aborda exaustivamente a aplicação da engenharia química na engenharia ambiental através da exploração de soluções energéticas sustentáveis que visam tornar as operações industriais mais eficientes e amigas do ambiente.

Qualquer crítica construtiva e sugestão saudável para melhorar o livro será agradecida para a futura edição do presente volume.

FARWA BATOOL RIZVI
(Bacharelato em Química,
Universidade Ned de Engenharia e Tecnologia, Karachi).

SYED GHAZANFAR RAZA ZAIDI
(Mestrado em Química, Universidade Ned de
Engenharia e Tecnologia, Karachi).
(Licenciatura em Polímeros e Petroquímica,
Universidade Ned de Engenharia e
Tecnologia, Karachi).

Sobre os autores

Farwa Batool Rizvi concluiu a sua licenciatura em Engenharia Química em 2023 na Ned University of Engineering & Technology, Karachi, que é uma das universidades mais conhecidas e bem classificadas do Paquistão. Ela também é certificada como "Engenheira Registada" pelo Conselho de Engenharia do Paquistão (PEC). Ao longo do seu percurso académico, tem procurado diligentemente obter uma compreensão completa da engenharia química, aprofundando tanto os conceitos teóricos como as aplicações práticas. A participação em projectos e estágios notáveis fortaleceu as suas competências práticas e despertou a sua paixão pela exploração de diferentes técnicas de recuperação de energia residual. Com o compromisso de otimizar os processos e minimizar o impacto ambiental, pretende contribuir para a intersecção da segurança e da sustentabilidade no domínio da engenharia química.

Syed Ghazanfar Raza Zaidi é um conhecido poeta religioso de língua urdu (pseudónimo; **Engr.Ghazanfar Zaidi**), autor, professor, conselheiro de carreira e investigador, tendo estado associado ao ensino profissional nos últimos sete anos. Em 2017, publicou, a nível internacional, o seu trabalho de investigação intitulado "Exploring the properties of recycled tyre rubber for flexible asphalt pavement" no Journal of Basic and Applied sciences-Life science Global. Em novembro de 2023, publicou o seu livro de investigação intitulado "Graphene-Oxide Based Polymeric Membrane for Textile wastewater Treatment via Lambert Academic Publishing. Ele completou seu mestrado em Engenharia Química em 2020 pela NED University of Engineering and technology, Karachi, que é uma das mais conhecidas e bem classificadas universidades do país Paquistão. Concluiu o Bacharelato em Engenharia de Polímeros e Petroquímica na mesma universidade em 2016 e foi certificado como o detentor da terceira posição do departamento. É também certificado como "Engenheiro Registado" pelo Conselho de Engenharia do Paquistão (PEC). É certificado pela IOSH Managing Safely versão 5.0 UK e tem a certificação de "Segurança e Saúde Ocupacional" afiliada à Universidade Mehran de Engenharia e Tecnologia, Hyderabad, Paquistão em 2017.

<u>Agradecimentos</u>

Antes de mais, estamos extremamente gratos a Deus Todo-Poderoso, o mais benéfico, o mais compassivo, que nos abençoou com espírito, crença, força e capacidade para concluir este livro intitulado **"RECUPERAÇÃO DE ENERGIA DOS GASES DE EXAUSTÃO DOS MOTORES DE CALOR"**. Exprimimos os nossos sinceros agradecimentos ao nosso respeitado mentor**, Dr. Faizan Raza**, e ao **Sr. Zohaib Shameem**, pela sua disponibilidade e disponibilidade para fornecer informações úteis e ajuda benéfica para este trabalho de investigação. O seu apoio total e generoso, os seus favores, as suas sugestões sempre prontas, a sua disponibilidade, os seus contactos, os seus conhecimentos valiosos e as suas orientações foram uma grande ajuda para nós e conduziram este livro à sua conclusão. No final, um grande obrigado aos nossos pais pelo seu imenso amor, carinho e apoio motivacional.

Índice

Lista de abreviaturas

WHR	Waste Heat Recovery
TEG's	Thermoelectric Generators
HRSG	Heat Recovery Steam Generator
ORC	Organic Rankine cycle
GWP	Global Warming Potential
MITA	Minimum Internal Temperature Approach
TCC	Total Capital Cost
OPEX	Operational Expenditure
CAPEX	Capital Expenditure

Lista de símbolos

K	=	Conductivity
C	=	Specific heat
μ	=	Viscosity
T	=	Temperature
P	=	Pressure
ρ	=	Density
η	=	Efficiency
H_f	=	Head loses
g	=	Gravity
Q	=	Flow rate
A	=	Area
H	=	Enthalpy

Objectivos de Desenvolvimento Sustentável das Nações Unidas

Os Objectivos de Desenvolvimento Sustentável (ODS) são o modelo para alcançar um futuro melhor e mais sustentável para todos. Abordam os desafios globais que enfrentamos, incluindo a pobreza, a desigualdade, as alterações climáticas, a degradação ambiental, a paz e a justiça. Há um total de 17 ODS, como mencionado abaixo. Assinale os ODS adequados relacionados com o projeto.

☐ Sem pobreza

☐ Fome Zero

☐ Boa saúde e bem-estar

☐ Educação de qualidade

☐ Igualdade de género

☐ Água potável e saneamento ✔ Energia acessível e limpa

☐ Trabalho digno e crescimento económico ✔ Indústria, inovação e infra-estruturas

☐ Redução das desigualdades

☐ Cidades e comunidades sustentáveis

☐ Consumo e produção responsáveis ✔ Ação climática

☐ Vida debaixo de água

☐ Vida na terra

☐ Paz e justiça e instituições fortes

☐ Parcerias para atingir os objectivos

Resumo executivo

O aumento do preço dos combustíveis e as preocupações com o aquecimento global tornaram difícil a redução das emissões de gases com efeito de estufa e a melhoria da eficiência das operações industriais. Para resolver este problema, os investigadores têm-se concentrado nos sistemas de recuperação de calor residual. Ao aproveitar a energia produzida durante os processos industriais, estes sistemas oferecem potenciais benefícios, como a poupança de energia, a redução das emissões e uma maior sustentabilidade. O calor residual recuperado pode ser utilizado para gerar eletricidade ou pré-aquecer o ar de combustão e a alimentação de água quente, resultando em melhorias rentáveis na eficiência energética e na produtividade do equipamento. O principal objetivo deste projeto é simular e otimizar a recuperação de energia a partir de gases de escape residuais gerados por motores térmicos, utilizando várias tecnologias como geradores termoeléctricos, óleo quente, geração de vapor e ciclo orgânico de Rankine. O estudo foi iniciado com uma revisão exaustiva da literatura existente, seguida de modelação utilizando ASPEN HYSYS V11 para melhorar o desempenho global dos processos. O seu objetivo é comparar estas tecnologias para determinar qual delas pode efetivamente reduzir o consumo de combustível e aumentar as poupanças anuais. O objetivo é a recuperação do calor residual para fins industriais, reduzindo simultaneamente as emissões de gases perigosos. Os gases de combustão são encaminhados para três sistemas tecnológicos diferentes e a opção mais adequada será selecionada com base na análise económica, na análise de sensibilidade e na análise exergética. O objetivo é identificar a tecnologia ideal para implementação com base no impacto económico e na eficiência global.

O meu livro está prestes a ser publicado internacionalmente. Pensei que também poderia estar interessado em ver o seu trabalho publicado. Para começar, clique no meu link pessoal: http://my.lap-publishing.com/cover_playgrounds/referrals/1774ed

Se quiser saber mais sobre a editora, pode ler a sua brochura aqui: https://www.omniscriptum.com/wp-content/uploads/brochure-LAP-EN.pdf

Cumprimentos,

Capítulo 1

Introdução

1.1 Informações gerais

Tornou-se difícil reduzir as emissões de gases com efeito de estufa e aumentar a eficiência das suas instalações devido ao aumento dos preços dos combustíveis nas últimas décadas e à crescente preocupação com o aquecimento global. Por conseguinte, uma das principais áreas de investigação centrada no aumento da eficiência e na redução das emissões perigosas foi a utilização de sistemas de recuperação de calor residual em operações de aquecimento industrial. A energia produzida durante o processo de calor residual industrial que não é utilizada no processo é conhecida como calor residual industrial (Bianchi et al., 2019).

A conceção de um sistema de recuperação de calor residual com o objetivo de criar energia eléctrica ou muitas aplicações úteis utilizando os gases de escape. Além disso, a maioria das fontes de energia utilizadas para alimentar o sector industrial depende do combustível. Cada operação industrial produz uma variedade de fluxos de calor residual a várias temperaturas, e a recuperação desses fluxos melhoraria sem dúvida a sustentabilidade das instalações e produtos industriais. A recuperação do calor residual pode resultar em poupanças de energia significativas e numa redução das emissões de gases com efeito de estufa. A minimização e recuperação do calor residual é uma oportunidade significativa para melhorar a eficiência e reduzir as facturas de energia. Pode também significar custos de manutenção mais baixos e uma maior produtividade do equipamento, uma vez que o equipamento que consome energia pode ser utilizado com menos intensidade. A utilização mais económica do calor residual é frequentemente a melhoria da eficiência energética do processo de aquecimento. Isto pode ser feito através do pré-aquecimento do ar de combustão ou da alimentação de água quente.(Bianchi et al., 2019)

Na era moderna, onde a necessidade de energia aumenta de dia para dia. A necessidade de recuperação de calor residual na indústria está a aumentar. As oportunidades e o potencial de recuperação de calor industrial são ilustrados nos dados abaixo, identificando e quantificando a utilização de energia primária.

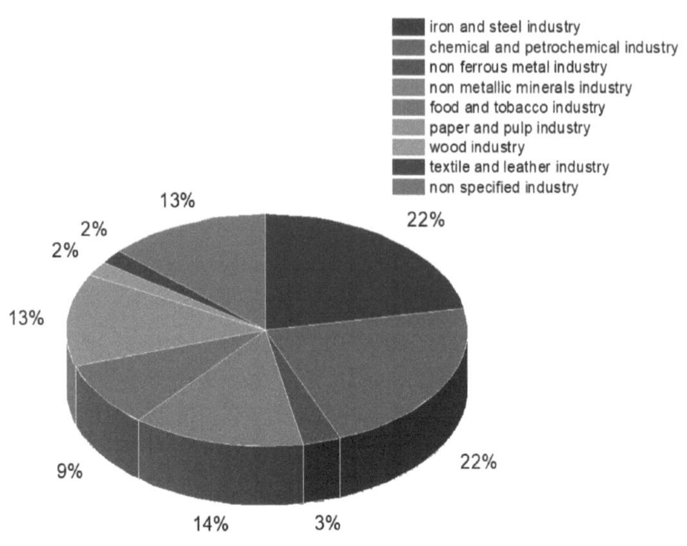

Figura 1.1 Recuperação de calor residual em todo o mundo (Panayiotou, 2017)

1.1.1 Visão geral do calor residual

O calor residual é o calor gerado pela combustão de combustíveis ou por quaisquer reacções químicas. Normalmente, é descarregado no ambiente. O calor residual é a energia térmica produzida numa instalação mas não utilizada ou libertada para a atmosfera. Atualmente, o calor residual é referido como 20 a 50% da energia utilizada na indústria.

1.1.2 Fontes de calor residual

Quase todas as operações mecânicas e térmicas geram calor residual. As fontes de calor residual incluem o vapor quente libertado para o ambiente, os produtos aquecidos que saem dos processos industriais, os gases de combustão aquecidos libertados para a atmosfera e a transmissão de calor das superfícies quentes dos equipamentos.

1.1.3 Sistema de geração de gases de escape de calor residual

Como já foi referido, o calor residual é gerado por diferentes sistemas e pode dizer-se que as empresas petrolíferas e de gás também desempenham um papel vital na geração de gases de escape. Neste caso, uma empresa do sector do petróleo e do gás é utilizada como indústria de referência para se ter uma ideia do sistema de geração de calor residual e da sua solução através da utilização de qualquer tecnologia de recuperação de calor residual. Na indústria petrolífera, sabe-se que há combustão de gases combustíveis em gases de combustão, este processo ocorre em aquecedores de combustão e em diferentes tipos de impulsionadores onde os gases combustíveis entram em combustão para formar gases de combustão. Estes aquecedores são instalados em diferentes locais numa indústria. De acordo com a Agência de Controlo da Proteção do Ambiente, as indústrias do petróleo e do gás no Paquistão geram mais de 55% do calor residual total em comparação com outras indústrias. (Yang, 2019). A indústria decidiu recuperar estes gases de escape através da aplicação de qualquer tecnologia que proporcione lucros elevados e investimentos reduzidos e recuperar 90% do calor residual para limpar o ambiente, reduzindo as emissões de carbono.

1.1.4 Sistema de recuperação de calor residual

A recuperação de calor residual (WHR) é necessária para aumentar a eficiência energética nas indústrias de processos químicos. A recuperação de calor residual (WHR) é o processo de captura de calor de gases quentes que saem de equipamentos industriais, tais como aquecedores, turbinas, motores de combustão interna e gaseificadores, e de utilização da sua energia para outros processos industriais que, de outra forma, seriam transferidos para o ambiente. Isto também inclui o calor que é rejeitado ou desperdiçado através de radiadores que consomem energia para o arrefecimento da água do revestimento do motor. De facto, este processo recicla a energia térmica que, de outra forma, seria perdida e desperdiçada, permitindo a sua utilização para aquecimento, produção de vapor, produção de eletricidade, etc. Em muitos casos, a WHR evita ou reduz a necessidade de combustível adicional que, de outra forma, seria necessário para atingir esta função. A reutilização do calor residual aumenta a eficiência energética, conserva os recursos energéticos e diminui os resíduos, as emissões ambientais e os custos. O sistema de recuperação do calor dos gases de escape (EHRS) é essencial para aumentar o desempenho do grupo motopropulsor. Neste sistema, o calor do motor que de outra forma seria desperdiçado é reciclado para aquecer mais rapidamente o líquido de arrefecimento do motor, o óleo do motor e outros fluidos, reduzindo as emissões de gases perigosos.(Jouhara et al., 2018)

1.1.5 Tecnologias de recuperação de calor residual

Como a recuperação do calor residual é uma necessidade básica do mundo. Seguem-se algumas tecnologias para WHR.

1. Geradores termoeléctricos.
2. Geradores de vapor.
3. Óleo quente.
4. Ciclo orgânico de Rankine.

1.1.5.1 Geradores termoeléctricos

Os geradores termoeléctricos são equipamentos que utilizam o efeito termoelétrico para produzir calor diretamente em eletricidade. As aplicações em grande escala não se concretizaram porque os materiais termoeléctricos são ineficientes. Estes materiais são bons condutores de calor e de eletricidade. Por isso, igualam a temperatura rapidamente, o que leva a uma baixa eficiência ou baixa produção. (Tohidi, Holagh, & Chitsaz, 2022)

1.1.5.2 Produção de vapor

Trata-se de um tipo de permutador de calor que recupera uma quantidade significativa de calor dos gases de escape. O calor é recuperado sob a forma de vapor, que pode ser utilizado para pré-aquecer o petróleo bruto e através do qual podemos reduzir o trabalho do aquecedor onde a água é convertida em vapor.**Fonte inválida especificada.**

1.1.5.3 Óleo quente

Recuperação do calor residual dos gases de escape através da utilização de um permutador de calor em que a fonte de óleo quente se encontra no permutador de calor que recupera e que converterá o nosso calor residual em muitas aplicações úteis.(Mitra, 2015)

1.1.5.4 Ciclo orgânico de Rankine

Entre os avanços mais significativos na indústria do ciclo orgânico de Rankine está a recuperação de calor residual. Quando o calor residual dos gases de escape é convertido em eletricidade ou noutras aplicações benéficas, são utilizados fluidos orgânicos de baixo ponto de ebulição.(Mahmoudi, Fazli, & Morad, 2018)

1.2 Importância e motivação

A minimização e recuperação do calor residual é uma oportunidade significativa para melhorar a eficiência e diminuir a energia. Além disso, uma vez que as máquinas que consomem muita energia podem funcionar com uma intensidade reduzida, isto pode resultar numa redução dos custos de manutenção e num aumento da produtividade do equipamento.

A recuperação de calor residual é motivada por uma série de considerações. A mais importante é a poupança de energia, que significa poupança de custos. Não só em termos de redução dos custos de energia, mas também através da redução da procura da caldeira e dos requisitos de aquecimento da água de compensação, a capacidade de produção é aumentada.

As centrais podem reduzir as despesas de energia e as emissões de CO2, melhorando simultaneamente a eficiência energética através da recuperação do calor residual. Mais importante ainda, muitas indústrias libertam diretamente emissões de gases de escape para a atmosfera, o que torna mais importante a redução da poluição ambiental.

1.2.1 Benefícios da recuperação de calor residual a partir de gases de combustão

A recuperação do calor residual é importante porque, à medida que os custos da energia e do combustível aumentam a nível mundial, será em breve necessário reduzir os custos do combustível para se manter competitivo. A recuperação de calor residual é benéfica porque permite reduzir o consumo de combustível .

Se considerarmos a indústria do petróleo e do gás, o óleo quente (fluido de transferência de calor) é utilizado para pré-aquecer o petróleo bruto, pelo que o óleo quente tem de ser aquecido num aquecedor para atingir uma temperatura mais elevada, o que consome muito mais combustível. Ao implementar a WHR a partir do óleo quente, o consumo de combustível é reduzido. O mesmo acontece com a produção de vapor: inicialmente, se o petróleo bruto for pré-aquecido a partir de vapor, o vapor tem de ser produzido a partir de aquecedores sobreaquecidos, o que exige um maior consumo de combustível, mas, ao implementar a tecnologia de vapor, o consumo de combustível e de serviço será reduzido. O mesmo acontece com o ORC: antes do ORC, o gerador de gás tem de gerar 1000 KW de potência, o que exige um maior consumo de combustível, mas, após a sua implementação, o gerador de gás tem de gerar 550 KW, o que reduz o consumo de combustível também .

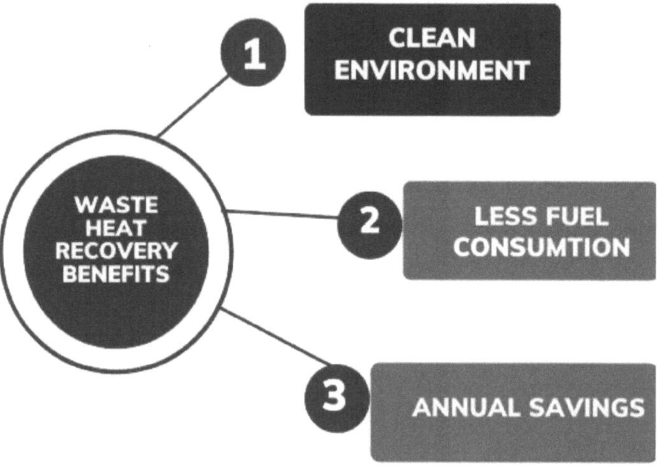

Figura 1.2 Benefícios da WHR

1.2.2 Sustentabilidade e desenvolvimento sustentável Goa ls

1- Energia acessível e limpa

A recuperação de energia a partir de gases de escape residuais é uma estratégia crucial que contribui para a realização do ODS 7 - Energia Acessível e Limpa A recuperação de calor residual envolve a captura e utilização da energia térmica que é gerada como um subproduto de processos industriais ou outras actividades de energia intensiva. Ao recuperar e reorientar este calor residual, a eficiência energética é melhorada, reduzindo o consumo global de energia e melhorando a utilização dos recursos energéticos primários. Isto ajuda a otimizar os sistemas energéticos e a reduzir a necessidade de produção adicional de energia, conduzindo a uma utilização mais sustentável e eficiente da energia.

As tecnologias de recuperação de calor residual podem constituir um meio económico de aceder à energia. Ao utilizar o calor residual de processos industriais ou da produção de eletricidade, a energia pode ser aproveitada sem a necessidade de consumo adicional de combustível, o que ajuda a reduzir os custos energéticos. (Weidong Chen, 2022)

2- Ação climática

 A recuperação de energia dos gases de escape de resíduos contribui significativamente para o ODS 13 - Ação climática. Ao capturar e utilizar a valiosa energia que é normalmente desperdiçada nos gases de escape, podemos reduzir a nossa dependência dos combustíveis fósseis para a produção de energia. Esta abordagem reduz diretamente as emissões de gases com efeito de estufa, uma vez que substitui a necessidade de queima adicional de combustíveis fósseis. Além disso, ao promover a transição para fontes de energia renováveis e ao melhorar a eficiência energética, a recuperação de energia a partir de gases de escape residuais alinha-se com práticas energéticas sustentáveis. Estas acções contribuem coletivamente para mitigar as alterações climáticas, reduzir a pegada de carbono e criar um futuro mais sustentável e resiliente. (Weidong Chen, 2022)

3- Indústria, inovação e infra-estruturas

A recuperação de energia a partir de resíduos de gases de escape de motores térmicos justifica a sua importância no âmbito do ODS 9, Indústria, Inovação e Infra-estruturas, através de vários factores cruciais. Em primeiro lugar, permite uma utilização eficiente da energia, capturando e convertendo o calor residual em energia útil, optimizando o consumo de recursos e reduzindo o impacto ambiental. Isto conduz a poupanças de custos para as indústrias, reduzindo as facturas de energia e aumentando a competitividade. Além disso, a implementação de sistemas de recuperação de energia impulsiona os avanços tecnológicos, promovendo a inovação na tecnologia de permutadores de calor e nos métodos de conversão de energia. Além disso, ao utilizar o calor residual, as indústrias contribuem para a conservação dos recursos, reduzindo a sua dependência de fontes de energia primárias. Em geral, esta abordagem promove o desenvolvimento sustentável, minimizando os resíduos, reduzindo as emissões e optimizando a utilização de energia. O desenvolvimento e a implementação de sistemas de recuperação de energia incentivam a inovação tecnológica. As empresas e os investigadores são motivados a criar métodos mais eficientes e eficazes para captar e utilizar o calor residual. Isto leva a avanços na tecnologia de permutadores de calor, sistemas de conversão de energia e processos industriais em geral. Estes avanços tecnológicos têm o potencial de beneficiar várias indústrias e contribuir para o desenvolvimento global das infra-estruturas e da inovação. (Weidong Chen, 2022)

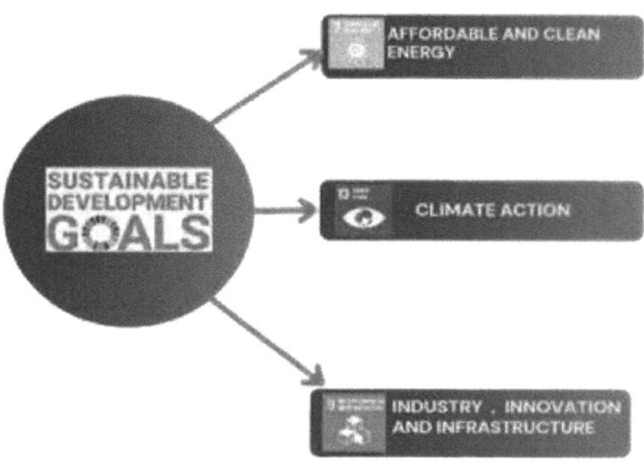

Figura 1.3 Mapeamento dos ODS

1.3 Finalidades e objectivos

- Rever, verificar e otimizar a simulação HYSYS do esquema de processo para a recuperação de energia a partir dos resíduos de energia dos gases de escape do motor.
- Analisar e verificar a viabilidade técnica e económica dos conceitos de conservação de energia propostos ao longo do ciclo de vida projetado.

1.4 Metodologia

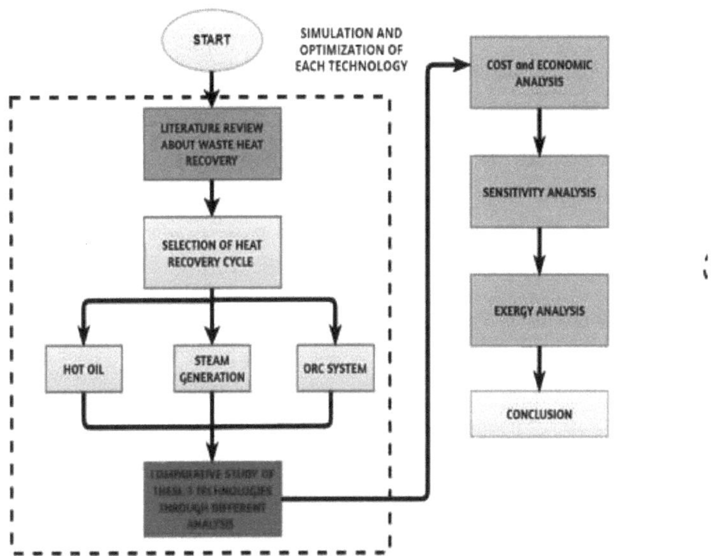

Figura 1.4 Metodologia

1.5 Resumo do relatório

1.5.1 Âmbito do projeto

O calor residual que é gerado a partir de várias fontes pode poluir o nosso ambiente, pelo que estamos a utilizar esse calor residual e a reutilizá-lo para o converter em muitas aplicações úteis. O objetivo do projeto é selecionar a melhor tecnologia para a recuperação do calor residual, analisando a viabilidade e os diferentes parâmetros de cada opção.

1.5.2 Generalidades

O presente relatório do PQID é composto pelos capítulos seguintes, que incluem estes debates:

Capítulo 2 (Revisão da literatura): Este capítulo inclui a literatura relatada com base na avaliação da tecnologia de calor residual. Foram analisadas várias tecnologias de recuperação de calor residual. As técnicas de otimização também foram revistas para compreender os parâmetros óptimos nas fontes de tecnologia de calor residual

Capítulo 3 (Descrição do processo): Este capítulo contém a elaboração das tecnologias de recuperação de calor residual de óleo quente, de recuperação de calor residual de geração de vapor e de ciclo de rankine orgânico, a otimização baseada em simulação e a sua comparação.

Capítulo 4 (Modelo de Processo): A modelação dos casos executados das tecnologias de recuperação de calor residual de óleos quentes, recuperação de calor residual de geração de vapor e ciclo orgânico de Rankine, utilizando o Aspen Hysys V11, e a sua convergência constam deste capítulo. São também listados os 10 componentes e as selecções de pacotes de propriedades, bem como os pressupostos para as tecnologias de recuperação de calor residual de óleos quentes, recuperação de calor residual de geração de vapor e ciclo orgânico de Rankine.

Capítulo 5 (Balanços de materiais e de energia): Este capítulo inclui o balanço de massa e energia em cada equipamento das tecnologias de recuperação de calor de óleos quentes usados e de recuperação de calor de resíduos de produção de vapor. Este capítulo é responsável pela análise quantitativa dos fluxos de processo.

Capítulo 6 (Conceção e segurança do equipamento): O projeto detalhado do equipamento é discutido neste capítulo com diagramas de tubagem e instrumentação das tecnologias de recuperação de calor residual de óleo quente e de recuperação de calor residual de geração de vapor. Também são efectuadas análises HAZOP e de operacionalidade.

Capítulo 7 (Simulação e Convergência): Este capítulo aborda o pormenor da simulação das três tecnologias e a sua convergência e validação do modelo de cada opção de recuperação de calor residual.

Capítulo 8 (Custos do processo e análise económica) Este capítulo aborda a análise económica das tecnologias de óleo quente, produção de vapor e ORC, avaliando o custo total de capital, as poupanças anuais e as diferentes despesas.

Capítulo 9 (Resultados e Discussão): Os resultados das tecnologias simuladas de óleo quente, geração de vapor e ORC são comparados neste capítulo. O desempenho do processo é analisado com base na poupança anual, na análise exergética e na sensibilidade.

Capítulo 10 (Conclusão): Este capítulo resume os resultados globais das simulações optimizadas. Também são destacadas recomendações para trabalhos futuros.

Capítulo 2

Revisão da literatura

2.1 Introdução

A recuperação de calor residual (WHR) remove o calor dos gases quentes descarregados de equipamentos industriais, tais como aquecedores, turbinas, motores de combustão interna, oxidantes e gaseificadores, e converte a energia para outros processos utilizados em processos industriais. Caso contrário, o calor será transferido para o ambiente. Isto inclui o calor rejeitado ou desperdiçado pelos radiadores que consomem energia utilizados para arrefecer a camisa do motor. Essencialmente, este processo recicla a energia térmica. Exemplos típicos de recuperação de calor residual são os economizadores, as caldeiras de calor residual (WHB) e os geradores de vapor de recuperação de calor (HRSG). A redução do consumo pode ser conseguida através de várias tecnologias de recuperação de calor residual. A utilização das técnicas acima referidas requer a utilização de algum tipo de dispositivo de permuta de calor com entrada ou tubos associados para encaminhar o gás quente da fonte para o permutador de calor. Estes elementos adicionais no trajeto do fluxo de gases de combustão aumentam a contrapressão do aquecedor do motor, pelo que o valor máximo deve ser limitado de modo a que a pressão provoque o aumento da temperatura da camisa de água, o desgaste prematuro do motor e a perda de potência.

2.2 Tecnologias de recuperação de calor residual

Os motores a gás para compressores, geradores e aquecedores são fontes de calor residual, que pode ser recuperado utilizando uma variedade de tecnologias de recuperação de calor residual para fornecer energia útil e reduzir o consumo global de energia.

As tecnologias avaliadas para a recuperação de calor residual da MGPF e CPF são as seguintes

a. Geradores Termoeléctricos - TEG's
b. Tecnologia do ciclo orgânico de Rankine (ORC)
c. Geração de vapor

d. Aquecimento de óleo quente

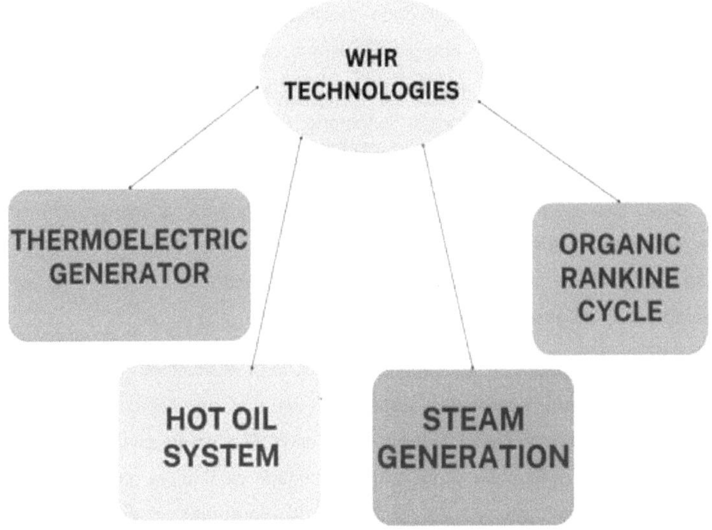

Figura 2.1 Tecnologias de recuperação de calor residual

A utilização das técnicas acima referidas requer a utilização de algum tipo de dispositivo de permuta de calor com entrada ou tubos associados para encaminhar o gás quente da fonte para o permutador de calor e condutas ou tubos de saída para descarga para o ambiente. Estes elementos adicionais no percurso do fluxo de gases de combustão aumentam a contrapressão do aquecedor do motor, pelo que o valor máximo deve ser limitado de modo a não comprometer o desempenho destes dispositivos. Quanto maior for a contrapressão, mais difícil é para os gases de escape quentes saírem do motor.

Uma contrapressão excessiva provoca um aumento da temperatura, o sobreaquecimento da camisa de água, o desgaste prematuro do motor e a perda de potência.

2.2.1 Geradores termoeléctricos

Os geradores termoeléctricos (TEG) ou geradores Seebeck são máquinas que utilizam o efeito Seebeck ou termoelétrico para transformar calor diretamente em eletricidade. A energia térmica é transformada em eletricidade através de um gerador termoelétrico. As caraterísticas físicas dos materiais termoeléctricos (condutividade térmica, condutividade eléctrica e coeficiente See beck) e a eficiência da conversão de energia afectam a conversão direta de energia. A energia térmica é transformada em energia eléctrica através destes materiais. O efeito termoelétrico é o principal fenómeno nos dispositivos termoeléctricos. (Nawawi, 2020)

 O "efeito See beck" é um fenómeno que ocorre quando a energia térmica é transformada em energia eléctrica e tem utilização na produção de energia. O "efeito Pettier" é um fenómeno que ocorre quando a energia eléctrica é transformada em energia térmica

Uma nova investigação do Massachusetts Institute of Technology (MIT), publicada na revista Science Advances, apresentou um material capaz de aumentar significativamente o potencial da termoeletricidade. O novo material é cinco vezes mais eficiente e pode gerar o dobro da quantidade de energia que os materiais termoeléctricos mais promissores da atualidade. No entanto, o desenvolvimento para aplicações comerciais de energia ainda está a vários anos de distância. (Rohit, 2017)

2.2.1.1 Vantagens dos TEG

- Fonte fiável de energia compacta, silenciosa e fiável porque não tem partes móveis.
- Amigo do ambiente
- Reciclar a energia térmica residual

2.2.1.2 Limitações dos TEG

- Baixa taxa de eficiência de conversão de energia (atualmente 5 a 8%)
- É necessária uma fonte de calor relativamente estável.
- Formação inadequada da indústria para os geradores termoeléctricos
- desenvolvimento tecnológico lento

A capacidade máxima dos actuais TEG disponíveis no mercado está limitada a 100 e 125 Watts.

As aplicações em grande escala não se concretizaram porque os materiais termoeléctricos são ineficientes: Embora estes materiais conduzam bem a eletricidade, também conduzem bem o calor, pelo que igualam a temperatura rapidamente, conduzindo a uma baixa eficiência e a uma baixa produção. A procura de novos materiais adequados para TEG está em curso. Um material ideal deve ter uma elevada condutividade eléctrica e uma baixa condutividade térmica. (Nawaw, 2022)

2.2.1.3 Aplicações do TEG

- naves espaciais, como o rover Curiosity em Marte

- A energia térmica de baixa frequência é desperdiçada porque as células solares apenas utilizam a parte de alta frequência da radiação.

- Pode ser utilizado para fazer funcionar a iluminação exterior, ventoinhas e uma série de dispositivos como alarmes de segurança, rádios e televisores.

- Embora a fiabilidade dos TEG seja boa, a experiência passada no Médio Oriente mostrou que o apoio dos vendedores tem sido insuficiente, possivelmente devido à baixa procura destas unidades.

- A atual geração de TEGs disponíveis no mercado tem uma capacidade máxima de produção de energia de apenas 100 / 125 watts. Isto exigiria um grande número de unidades para o MGPF e o CPF, tornando esta opção inviável. Foram reivindicados tamanhos de TEG de 400 - 500 watts, mas não há provas deste tamanho no mercado. Mesmo estes tamanhos são pequenos para esta aplicação. (Kitto e Stultz, 2005)

2.2.2 Produção de vapor

Um excelente método para recuperar o calor dos gases de escape é a recuperação da produção de vapor, que produz vapor a partir de uma maior quantidade de energia dos gases de escape. Um permutador de calor de recuperação de calor que recupera calor de um fluxo de gás quente é designado por gerador de vapor de recuperação de calor (HRSG). B. Um fluxo de gases de escape de um motor ou outro dispositivo. um método que gera vapor que pode ser empregue num processo (CHP) ou utilizado para alimentar uma turbina a vapor (ciclo combinado). O economizador, o evaporador, o sobreaquecedor e o pré-aquecedor de água são as quatro partes principais do HRSG. Para satisfazer os requisitos de funcionamento do dispositivo, são reunidos vários componentes. Para uma ilustração de uma configuração modular típica de HRSG, consulte o diagrama em anexo. Embora sejam aqui ilustradas muitas variações de HRSGs, o método de construção fundamental, que inclui um feixe de tubos acoplado à corrente de escape, é essencialmente o mesmo. Estes tubos, nos quais circula a água, são aquecidos pelos gases de escape que têm temperaturas entre 430 e 650 graus Celsius. Os HRSGs absorvem geralmente o calor dos gases de escape quentes nos gases de combustão por transferência de calor por convecção, embora em algumas áreas o calor seja também transferido por radiação. O vapor é normalmente criado pela ebulição da água sob pressão intensa a uma temperatura de cerca de 200°C. (science direct.com, 2021).

2.2.2.1 Vantagens

A vantagem mais óbvia de ser minúsculo e ter pouca perda de calor é a eficiência muito elevada. O calor flui para cima, o oposto do fluxo de água, o que maximiza a transmissão de calor e reduz as despesas de funcionamento.

- Demora cinco minutos a aquecer a partir de um estado completamente frio. O aquecimento do combustível é reduzido e a unidade pode ser desligada quando não está a ser utilizada. Como resultado, o Gerador de Vapor Clayton é perfeito para ser utilizado como caldeira de emergência ou de reserva.
- As condições normais de funcionamento não podem resultar numa explosão de vapor; pelo contrário, os baixos níveis de água em vários tipos de caldeiras utilizadas para armazenar quantidades significativas de água quente representam um risco. Não existe um nível de água ou uma capacidade significativa de armazenamento de água na Clayton Steam Generation. (Ganapathy, 2002)

2.2.2.2 Limitações e desvantagens

A utilização do calor residual numa central de produção de vapor não é viável, em especial quando não existe um sistema de vapor ou quando há uma nova necessidade de vapor de processo na central e também devido às seguintes razões

- Uma central de produção de vapor pode ser bastante complexa, exigindo uma caldeira, um desaerador, uma estação de tratamento de água, um sistema de condensados, sistemas de injeção de produtos químicos, uma turbina a vapor de alta temperatura/alta pressão, etc.

- Menos eficiente em geral quando comparado com outras opções, uma vez que ocorrem perdas em todo o sistema de vapor, incluindo

  - Perda de flash - pode ser de 6-14% (incluindo perdas de armadilhas)

  - Perda por sopro - pode ser de até 3%

- Os sistemas de vapor requerem uma manutenção e monitorização regulares mais intensivas do que outras opções de recuperação de calor residual, devido aos vários componentes do sistema, tais como purgadores de vapor, válvulas, bombas de retorno de água quente e condensada, juntas de expansão, análise da água, tratamento da água, injeção de produtos químicos, etc.

- Todo o sistema tem de ser mantido a alta pressão para atingir com segurança temperaturas mais elevadas utilizando um sistema de vapor. (Panayiotou, 2017)

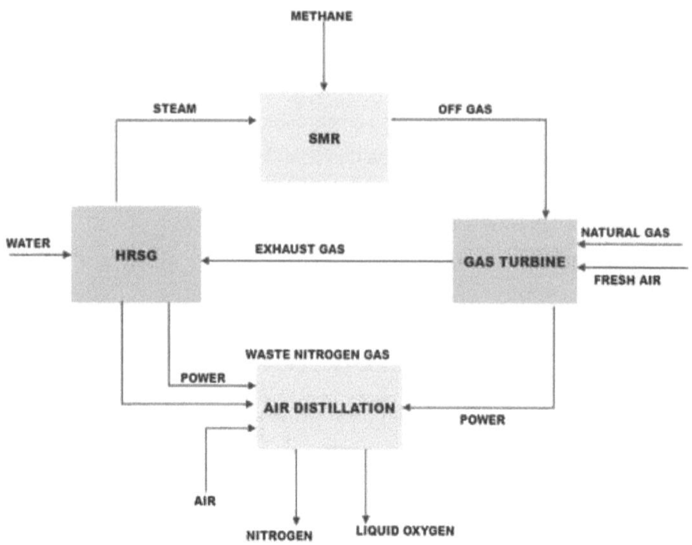

Figura 2.2 Recuperação de calor na produção de vapor

2.2.3 Sistema de óleo quente

Existem estruturas de óleo quente instaladas nas instalações. Um sistema é para o utilizador CPF e o segundo é para satisfazer as necessidades dos utilizadores MGPF. Cada uma das máquinas contém aquecedores de óleo quente, reservatório de armazenamento, bombas de enchimento e circulação, reservatório de expansão, filtros e reservatório de drenagem. Ao utilizar a energia térmica presente nos fumos de escape que são desperdiçados na atmosfera, o trabalho tem como objetivo acelerar o aquecimento do óleo. Consequentemente, o permutador de calor deve aumentar a temperatura do óleo tanto quanto possível, maximizando a energia térmica transferida dos gases para o óleo (S.Patel, 2022). O óleo deve ser mantido a uma temperatura baixa enquanto isto é feito. Os gases de escape passam através dos tubos do permutador de calor WHR-óleo de um lado e o óleo lubrificante passa através do invólucro do outro. Uma vez atingida a temperatura desejada, o permutador de calor residual para óleo é alimentado no tubo sem o WHR da concha. (Kitto e Stultz, 2005)

2.2.3.1 Vantagens do óleo quente

Com a introdução do sistema de recuperação de calor, as instalações de fabrico e as instalações de produção tornam-se mais eficientes, o que constitui uma grande vantagem para as operações.

- **Conservação de recursos**

A reutilização do calor residual economizado elimina a necessidade de uma fonte de calor separada, poupando fontes de energia e, consequentemente, recursos em fábricas e instalações.

- **Reduzir os resíduos**

A reutilização do calor residual reduz a quantidade de resíduos que saem das instalações e evita a sua libertação na atmosfera. (Shah, 2021)

2.2.3.2 Limitações

O aquecedor de óleo térmico é utilizado em indústrias que requerem temperaturas mais elevadas do que o vapor pode produzir. Todos os combustíveis contêm elementos ácidos. Dependendo do tipo de combustível, a queima excessiva do combustível para arrefecer os gases de combustão pode tornar os elementos ácidos corrosivos e causar corrosão por pontos frios nos permutadores de calor internos devido à temperatura relativamente baixa da superfície metálica. Isto limita a recuperação de calor. Se for possível evitar este fenómeno, é de esperar uma maior melhoria da eficiência térmica, o que aumentará a poupança de energia. (R.Taylor, 2022)

2.2.3.3 Texatherm como óleo quente

Um fluido de transferência de calor chamado Texatherm foi criado para satisfazer as necessidades dos sistemas de ciclos térmicos que funcionam a temperaturas tão elevadas como 320°C. O Texatherm tem uma excelente estabilidade à oxidação e baseia-se em óleo de base parafínica altamente refinado, que tem uma boa estabilidade térmica por natureza. Também protege o aço e o cobre da ferrugem e da corrosão e resiste à entrada de ar e à formação de espuma. A utilização de bombas de circulação, válvulas e serpentinas de aquecimento mais pequenas permite a máxima transferência de calor para o recipiente de processamento ou para o equipamento. Conseguem-se boas taxas de transferência de calor com o mínimo de energia da bomba graças à baixa viscosidade e à elevada condutividade térmica a temperaturas de funcionamento moderadas . (Produtos Chevron, 2018)

2.2.4 Ciclo orgânico de Rankine (ORC)

O Ciclo Rankine Orgânico (ORC) é um processo termodinâmico que utiliza fluidos orgânicos em vez de água para gerar energia a partir de uma fonte de calor. A tecnologia ORC funciona através de um sistema de circuito fechado que utiliza um fluido orgânico que é vaporizado pela fonte de calor residual, fazendo com que se expanda e faça girar uma turbina, que por sua vez gera eletricidade. O fluido orgânico é então arrefecido e condensado de volta a um líquido para ser utilizado novamente no ciclo. O ciclo ORC tem um ponto de ebulição inferior ao da água, o que lhe permite gerar eletricidade a partir de fontes de calor residual a baixa temperatura. A tecnologia ORC tem sido amplamente utilizada em vários sectores industriais, incluindo a indústria transformadora, automóvel e aeroespacial. (Tao, 2019)

2.2.4.1 ORC para recuperação de energia

A tecnologia ORC tornou-se uma tecnologia essencial nos sistemas de recuperação de calor residual (WHR). É amplamente utilizada em aplicações de recuperação de calor residual (WHR) para converter calor residual de baixa qualidade em eletricidade útil. A tecnologia ORC pode recuperar até 40% do calor residual gerado durante a produção de aço, resultando em poupanças de energia significativas e na redução das emissões de gases com efeito de estufa. O ORC tem-se revelado eficaz na produção de eletricidade a partir de fontes de calor residual de baixa temperatura, tais como gases de escape de motores ou processos industriais, e pode resultar em poupanças de energia significativas e na redução da pegada de carbono das indústrias. Eis algumas das principais utilizações do ORC para a recuperação de energia.

- **Gases de escape:** Os sistemas ORC podem ser utilizados para recuperar o calor residual dos gases de escape de motores de combustão interna, turbinas a gás e outros processos industriais. Investigámos o desempenho de um sistema ORC para a recuperação do calor residual de um motor diesel pesado. Os resultados mostraram que o sistema podia recuperar até 7,5% do calor residual do motor e melhorar a eficiência do combustível. (Ahmedi, 2017) (2)

- **Processos industriais**: Os sistemas ORC podem ser u11[1]sed para recuperar o calor residual de vários processos industriais, como a produção de aço e o fabrico de produtos químicos. (al. S. e., 2021) explorou a utilização de um sistema ORC para a recuperação de calor residual numa siderurgia. Os resultados mostraram que o sistema poderia recuperar até 22,4% do calor residual da siderurgia e reduzir as emissões de CO2. (Javier Uche a, 2019).

- **Fluidos geotérmicos:** Os sistemas ORC podem ser utilizados para gerar eletricidade a partir de fluidos geotérmicos com temperaturas baixas a moderadas. Um estudo efectuado por (al. Z. e., 2021)investigou o desempenho de um sistema ORC para a produção de energia geotérmica. Os resultados mostraram que o sistema podia gerar até 195 kW de eletricidade com uma eficiência de 9,5% (Paul, 2021).

- **Energia solar térmica**: Os sistemas ORC podem ser utilizados em combinação com a energia solar térmica para gerar eletricidade. Um estudo efectuado por (Wang, 2021) explorou a utilização de um sistema solar-ORC para a produção de energia numa central de energia solar concentrada (CSP). Os resultados mostraram que o sistema podia gerar até 4,1 MW de eletricidade com uma eficiência de 12,4%. (P Piotrowski, 2021).

2.2.4.2 Principais componentes do ciclo orgânico de Rankine

O ciclo CRO é constituído por quatro componentes principais:

- **Bomba:** A bomba é utilizada para fazer circular o fluido orgânico de trabalho no sistema ORC. Aumenta a pressão do fluido, o que eleva o ponto de ebulição e aumenta a temperatura do fluido.

- **Permutador de calor:** O permutador de calor é utilizado para transferir calor da fonte de calor para o fluido orgânico de trabalho. O permutador de calor pode ser do tipo casco e tubo, do tipo placa ou do tipo tubo com alhetas, consoante a aplicação específica.

- **Condensador:** O condensador é utilizado para condensar o fluido de trabalho orgânico depois de este ter passado pela válvula de expansão. O condensador pode ser arrefecido a ar ou a água, consoante as condições ambientais.

- **Aquecedor:** O aquecedor é utilizado para aumentar a temperatura do fluido de trabalho orgânico antes de este entrar na turbina. O aquecedor pode ser de combustão direta ou indireta, consoante o tipo de combustível utilizado. (Tao, 2019)

2.2.4.3 Princípio de funcionamento do ORC

O princípio de funcionamento do ORC é semelhante ao do ciclo de Rankine. No entanto, em vez de utilizar água como fluido de trabalho, é utilizado um fluido orgânico que tem um ponto de ebulição mais baixo. O sistema ORC também pode funcionar a pressões mais baixas do que o Ciclo de Rankine, o que reduz as tensões nos componentes do sistema e melhora a eficiência. A eficiência de um sistema ORC depende da diferença de temperatura entre a fonte de calor e o meio de arrefecimento, do fluido orgânico utilizado e da conceção dos componentes do sistema. Para atingir uma eficiência elevada, o sistema deve ser concebido de forma a maximizar as perdas de calor e otimizar as condições de funcionamento do sistema.

Eis como funciona o ciclo. (P Piotrowski, 2021).

- **Evaporação**: O fluido de trabalho, que normalmente se encontra no estado líquido, é bombeado para o evaporador, onde é aquecido pela fonte de calor residual (por exemplo, gases de escape). O calor faz com que o fluido se vaporize e se transforme num gás de alta pressão e alta temperatura.
- **Expansão**: O vapor a alta pressão entra então na turbina, onde se expande e acciona o rotor da turbina, produzindo trabalho mecânico. O trabalho produzido pela turbina é utilizado para acionar um gerador, que produz eletricidade.
- **Condensação**: Depois de passar pela turbina, o vapor de baixa pressão e baixa temperatura sai da turbina e entra no condensador. Onde é arrefecido, levando à sua transformação no estado líquido.
- **Bombagem:** O líquido condensado é então bombeado de volta para o evaporador para recomeçar o ciclo. (P Piotrowski, 2021).

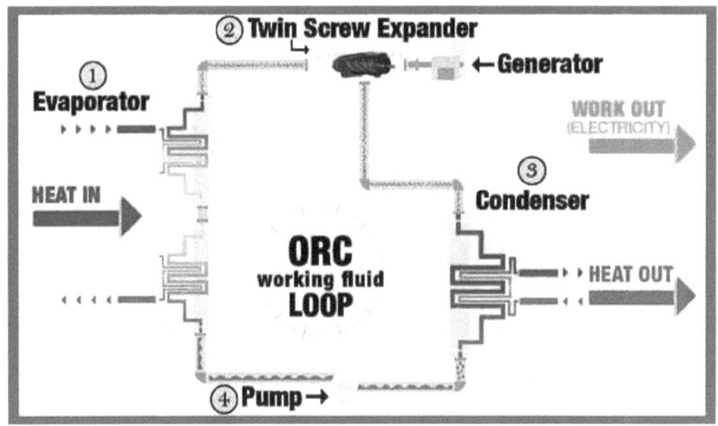

Figura 2.3 Ciclo do processo ORC (Fox, 2020)

2.2.4.4 Seleção do fluido de trabalho

Ao projetar um sistema de Ciclo Rankine Orgânico (ORC), a seleção do fluido de trabalho é um aspeto crucial a considerar. A seleção de um fluido de trabalho adequado depende de vários factores, incluindo propriedades termodinâmicas, impacto ambiental e considerações de segurança. Assim, o primeiro passo na seleção de um fluido de trabalho para um sistema ORC é considerar as propriedades termodinâmicas do fluido, incluindo a sua temperatura crítica, pressão crítica, ponto de ebulição e calor latente de vaporização. Estas propriedades determinarão a pressão e a temperatura de funcionamento do sistema ORC, bem como a sua eficiência e potência de saída. Um fluido de trabalho com uma temperatura e pressão críticas elevadas, bem como um elevado calor latente de vaporização, é normalmente preferido para sistemas ORC, uma vez que pode funcionar a temperaturas e pressões mais elevadas, resultando numa maior eficiência e potência de saída.

Outro fator importante a considerar ao selecionar um fluido de trabalho é o seu impacto ambiental. Descobriu-se que muitos fluidos de trabalho utilizados nos ciclos Rankine tradicionais, como o R-22 e o R-134a, têm um elevado potencial de aquecimento global (GWP), pelo que já não são considerados adequados para utilização em sistemas ORC. Em vez disso, são preferidos fluidos de trabalho amigos do ambiente, como as hidrofluoroolefinas (HFOs) e os

33

hidrofluorocarbonetos (HFCs) com baixo GWP. . (Li, 2015)

As considerações de segurança são também um fator importante na seleção de um fluido de trabalho. Os fluidos de trabalho com baixa inflamabilidade e toxicidade, como o R-245fa e o R-123, são frequentemente preferidos para sistemas ORC, uma vez que são menos susceptíveis de representar um risco para a saúde humana e o ambiente. (Mikielewicz, 2018)

2.2.4.5 Calflo-LT (fluido orgânico)

Calflo-LT é um fluido sintético de transferência de calor fabricado pela The Dow Chemical Company. Foi concebido para utilização em sistemas de transferência de calor em fase líquida que requerem um funcionamento a baixa temperatura, elevada estabilidade térmica e baixo impacto ambiental. O Calflo-LT tem uma faixa de baixa temperatura de -50°C a 320°C (-58°F a 608°F) e é formulado para proporcionar excelente estabilidade térmica, o que significa que pode suportar altas temperaturas sem quebrar ou degradar. É também resistente à oxidação, o que ajuda a prolongar a vida útil do fluido e a reduzir os requisitos de manutenção. . (Li, 2015)

O Calflo-LT é uma mistura eutéctica de óxido de difenilo (DPO) e bifenilo (BP), que não são tóxicos nem corrosivos. O fluido tem uma viscosidade baixa, o que reduz as perdas por fricção no sistema e melhora a eficiência global. Além disso, o Calflo-LT tem um baixo potencial de aquecimento global (GWP) e é classificado como uma solução sustentável para aplicações de transferência de calor. O Calflo-LT é utilizado numa variedade de aplicações industriais, incluindo processamento químico, produtos farmacêuticos, plásticos e processamento de alimentos. Também é utilizado em aplicações de energia renovável, como geotérmica, solar e sistema de recuperação de calor residual. (Haije, 2001).

2.2.4.6 Razões para utilizar o Calflo-LT no ORC

A utilização do Calflo-LT em sistemas ORC tem várias vantagens, incluindo

Elevada estabilidade térmica: O Calflo-LT tem uma elevada estabilidade térmica, o que significa que pode funcionar a altas temperaturas sem quebrar ou degradar. Isto torna-o adequado para utilização em sistemas ORC que requerem um funcionamento a alta temperatura. De acordo com o fabricante, o Calflo-LT pode funcionar a temperaturas até 343°C (650°F) com uma temperatura máxima de película de 380°C (715°F) sem degradação significativa. (He, 2015)

- **Baixa Viscosidade:** O Calflo-LT tem uma baixa viscosidade, o que reduz as perdas por fricção no sistema ORC e melhora a eficiência global. Um estudo realizado por Kumar et al. concluiu que a utilização de um fluido de transferência de calor de baixa viscosidade num sistema ORC pode aumentar a eficiência até 10% em comparação com a utilização de um fluido de alta viscosidade. (Kumar S. K., 2017)

- **Ampla faixa de temperatura:** O Calflo-LT tem uma gama de temperaturas baixas de -50°C a 320°C, o que o torna adequado para utilização em sistemas ORC que requerem um funcionamento a baixas temperaturas. Além disso, o Calflo-LT pode ser personalizado para operar em temperaturas ainda mais baixas, dependendo dos requisitos específicos da aplicação. (Kumar S. K., 2017)

- **Benefícios ambientais:** Os sistemas ORC que utilizam o Calflo-LT podem melhorar a eficiência energética e reduzir as emissões de gases com efeito de estufa através da utilização de calor residual ou de fontes de calor de baixa qualidade. Os sistemas ORC podem reduzir as emissões de CO_2 em até 85% em comparação com os sistemas convencionais de produção de energia. (He, 2015)

Capítulo 3

Descrição do processo

3.1 Seleção do processo

O procedimento de seleção de um processo que cumpra, se não todos, mas a maioria dos objectivos desejados é uma tarefa muito importante e não será um eufemismo dizer que é um passo fundamental. À medida que avançamos em direção ao nosso objetivo, que é recuperar energia a partir de gases de escape residuais de motores térmicos

Há três tecnologias que estamos a utilizar para recuperar o calor dos gases de escape dos motores térmicos que podem ser as melhores opções:

1.   Recuperação de calor residual de óleo quente

2.   Geração de vapor Recuperação de calor residual

3.   Ciclo orgânico de Rankine

3.2 Processo de recuperação de calor residual de cada tecnologia

3.2.1 Processo de recuperação de calor residual a partir de óleo quente

Antes da introdução da tecnologia de recuperação de calor residual, a indústria costumava pré-aquecer o texatherm (fluido de transferência de calor) para o pré-aquecimento do petróleo bruto. Para pré-aquecer o texatherm, este é introduzido num aquecedor onde o gás natural é utilizado como meio para aquecer o texatherm, gerando uma pequena quantidade de gases de escape cuja recuperação não é possível. A temperatura aumenta de 460°F para 1000°F num aquecedor a gás. É óbvio que, quando um aquecedor atinge uma temperatura tão elevada, o consumo de combustível também aumenta e o trabalho do aquecedor também aumenta.

A fim de reduzir o consumo de combustível, a recuperação do calor residual do óleo quente pode ser a melhor opção, em que os gases de escape de diferentes temperaturas trocam calor num permutador de calor para pré-aquecer o texatherm. Desta forma, a temperatura de entrada do aquecedor será elevada em vez de 460F, pelo que o consumo de combustível e o funcionamento do aquecedor também serão reduzidos.

O processo básico de recuperação de calor residual começa com a expulsão de gases de combustão com a mesma composição, provenientes de diferentes aquecedores. A fim de limpar o ambiente e reduzir o consumo de combustível, a indústria tem de recuperar o calor residual. Esta indústria do petróleo e do gás tem oito (8) aquecedores de combustão, nomeadamente os boosters de gás Mamrazi, os boosters de gás Sales, os geradores de gás, etc., que estão colocados em diferentes posições. Estes aquecedores convertem os gases combustíveis em gases de combustão e estes gases de combustão entram nos permutadores de calor como fluido quente e no texatherm como fluido frio. Há oito permutadores ligados em série, onde diferentes gases de combustão de diferentes temperaturas entram no permutador de calor e, após a WHR, o óleo quente de temperatura crescente entra no aquecedor. Os restantes gases de combustão de baixa temperatura são então transferidos para um misturador onde todos os gases de combustão de diferentes temperaturas se misturam e entram numa turbina de gás onde também geram eletricidade.

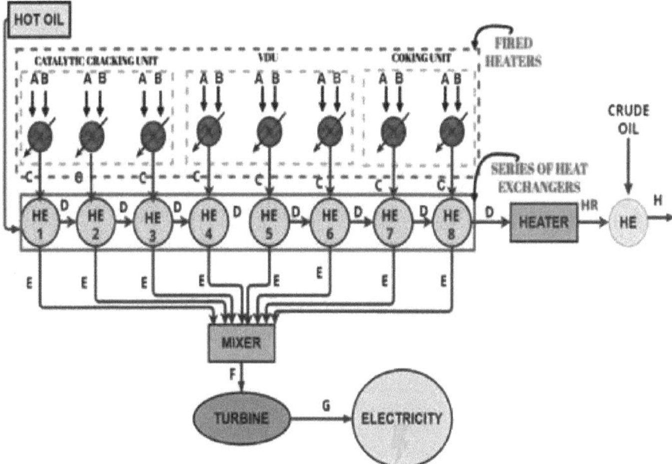

Figura 3.1 Processo de recuperação de calor residual a partir de óleo quente

A	GASES COMBUSTÍVEIS
B	AR

C	GASES DE COMBUSTÃO
D	ÓLEO QUENTE
E	GÁS QUENTE
F	MISTURADO
G	ELECTRICIDADE
H	ÓLEO QUENTE AQUECIDO

3.2.2 Descrição pormenorizada do processo de óleo quente

3.2.2.1 Equipamentos utilizados em cada tecnologia

1. Permutador de calor
2. Turbina

3.2.2.2 Descrição do processo do óleo quente

A recuperação de calor residual por óleo quente é efectuada através da passagem de gases de combustão do óleo quente para trocar calor dos gases de combustão para o óleo quente.

3.2.2.3 Descarga de gases de combustão de aquecedores a lenha

As caldeiras colocadas em diferentes posições transformam os gases combustíveis em gases de combustão. Estes gases contêm uma grande quantidade de dióxido de carbono, água e azoto. Existem oito aquecedores de combustão disponíveis a diferentes temperaturas, nomeadamente Compressores suspensos estabilizadores de condensado, Compressores suspensos estabilizadores de óleo, Compressores de reforço de gás, etc.

Quadro 3.1 Temperatura dos gases de combustão

Gases de combustão	Temperatura
Estabilizador de condensados Compressor	890°F
Estabilizador de óleo Compressores suspensos	870°F
Estabilizador de óleo Compressores suspensos	870°F
Reforço de gás de venda	870°F

Booster de gás de venda	741°F
Aquecedores a óleo quente	741°F
Compressores frontais centrais	689°F
CPF Geradores a gás	663°F

3.2.2.4 Recuperação de energia a partir de séries de permutadores de calor

Depois de obter os gases de combustão de diferentes motores térmicos, temos de recuperar o calor através de óleo quente. Como já foi referido, o óleo quente é um fluido térmico com grande condutividade térmica e transmissão de calor. No nosso caso, estamos a utilizar TEXA THERM como óleo quente. Descarga de gases de combustão contendo dióxido de carbono, água e nitrogénio

1. Gases de combustão em 1st Permutador de calor

Está a ser utilizado um permutador de calor de casco e tubo no qual o Texathem é considerado como fluido frio a uma temperatura de 460°F a uma pressão de 14,7 psia com um caudal de 2,78 m^3 /h num lado do tubo, enquanto que os gases de combustão são considerados como fluido quente a uma temperatura de 890°F a uma pressão de 0,65 psia.Agora, a troca de calor ocorre e os produtos de saída obtidos são "óleo quente 1 como 6" da saída do tubo com um aumento de temperatura de 460°F para 487°F e a saída da concha "gases quentes 1 como 7" com uma queda de temperatura de 890°F para 485,6°F.

2. Gases de combustão em 2nd Permutador de calor

O "óleo quente 1" que é a saída do permutador 1st entra no permutador 2nd e o fluido quente são os gases de combustão obtidos do gerador de gás MGPF com uma temperatura de 870°F a uma mesma pressão de gases de combustão agora após a troca de calor o produto que obtemos é o óleo quente 2as 9 com um aumento de temperatura de 487°F para 514°F.

3. Gases de combustão em 3rd Permutador de calor

O "óleo quente 2", que é a saída do permutador 2nd, entra no permutador 3rd e o fluido quente são os gases de combustão obtidos dos compressores de reforço de gás de venda com uma temperatura de 870°F a uma mesma pressão de gases de combustão. Agora, após a troca de calor, o produto que obtemos é o óleo quente 3 como 12 com um aumento de temperatura de 514°F para 541°F.

4. Gases de combustão em 4th Permutador de calor

O "óleo quente 3", que é a saída do permutador 3rd, entra no permutador 4th e o fluido quente são os gases de combustão obtidos do MGPF Gas Booster com uma temperatura de 870°F a uma mesma pressão dos gases de combustão. Agora, após a troca de calor, o produto que obtemos é o óleo quente 4 como 15 com um aumento de temperatura de 541°F para 560°F.

5. Gases de combustão em 5th Permutador de calor

O "óleo quente 4", que é a saída do 4° permutador, entra no 5th permutador e o fluido quente são os gases de combustão obtidos dos Compressores Centrais Frontais com uma temperatura de 741°F a uma mesma pressão dos gases de combustão. Agora, após a troca de calor, o produto que obtemos é o óleo quente 5 como 18 com um aumento de temperatura de 560°F para 569°F.

6. Gases de combustão em 6th Permutador de calor

O "óleo quente 5", que é a saída do permutador 5th, entra no permutador 6th e o fluido quente são os gases de combustão obtidos do Mamrazi Gas Booster com uma temperatura de 741°F a uma mesma pressão dos gases de combustão. Agora, após a troca de calor, o produto que obtemos é o óleo quente 6 como 21 com um aumento de temperatura de 569° F para 577°F.

7. Gases de combustão em 7th Permutador de calor

O "óleo quente 6", que é a saída do permutador 6th, entra no permutador 7th e o fluido quente são os gases de combustão obtidos do estabilizador de condensados dos compressores aéreos, com uma temperatura de 689°F a uma mesma pressão dos gases de combustão. Agora, após a troca de calor, o produto que obtemos é o óleo quente 8 como 24, com um aumento de temperatura de 577°F para 582,6°F.

8. **Gases de combustão em 8th Permutador de calor**

O "óleo quente 8", que é a saída do 7º permutador, entra no permutador 8th e o fluido quente são os gases de combustão obtidos dos compressores aéreos do estabilizador de óleo com uma temperatura de 663°F a uma mesma pressão dos gases de combustão. Agora, após a troca de calor, o produto que obtemos é o óleo quente 8 como 27 com um aumento de temperatura de 582°F para 585°F.

3.2.2.5 Óleo quente e gases quentes após recuperação de calor residual

Assim, o texatherm aquecido entra no aquecedor para aumentar a sua temperatura para 1000°F, a fim de pré-aquecer o petróleo bruto, enquanto os gases quentes que se obtêm a diferentes temperaturas se misturam num misturador e depois entram na turbina para gerar energia. Desta forma, são alcançados dois objectivos: em primeiro lugar, o texatherm é aquecido para reduzir o trabalho do aquecedor e o segundo é reduzir as emissões de carbono para o ambiente.

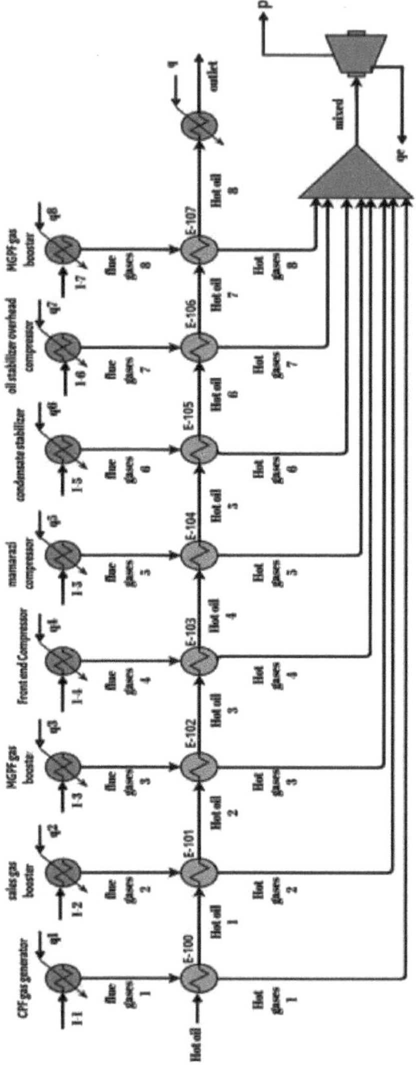

Figura 3.2 Diagrama de fluxo do processo de óleo

3.2.3 Processo de recuperação de calor residual da produção de vapor

O pré-aquecimento do crude a partir de vapor sobreaquecido é também uma boa opção. Para tal, o vapor deve ser gerado na fábrica. A primeira opção é que o superaquecedor gere vapor a partir de água a 86° F para vapor a 752° F. Para o fazer, o consumo de combustível e o trabalho do superaquecedor serão demasiado elevados. Utilizando o sistema de recuperação de calor residual, será gerado vapor saturado, que é depois transferido para um sobreaquecedor, reduzindo assim o consumo de combustível e o funcionamento do sobreaquecedor. Os gases de escape de diferentes temperaturas trocam calor num permutador de calor para gerar vapor, pelo que a temperatura de entrada do sobreaquecedor será elevada, em vez de 86 °F, reduzindo assim o consumo de combustível e o funcionamento do sobreaquecedor.

O processo básico de recuperação de calor residual começa com a expulsão de gases de combustão com a mesma composição, provenientes de diferentes aquecedores. A fim de limpar o ambiente e reduzir o consumo de combustível, a indústria tem de recuperar o calor residual. Esta indústria do petróleo e do gás tem oito (8) aquecedores de combustão, nomeadamente os boosters de gás Mamrazi, os boosters de gás Sales, os geradores de gás, etc., que estão colocados em diferentes posições. Estes aquecedores convertem os gases combustíveis em gases de combustão e estes gases de combustão entram nos permutadores de calor como fluido quente e a água como fluido frio. Existem oito permutadores ligados em série, onde diferentes gases de combustão de diferentes temperaturas entram no permutador de calor e, após a WHR, o vapor saturado entra no aquecedor. Os restantes gases de combustão de baixa temperatura são então transferidos para um misturador onde todos os gases de combustão de diferentes temperaturas se misturam e entram numa turbina a gás onde também geram eletricidade.

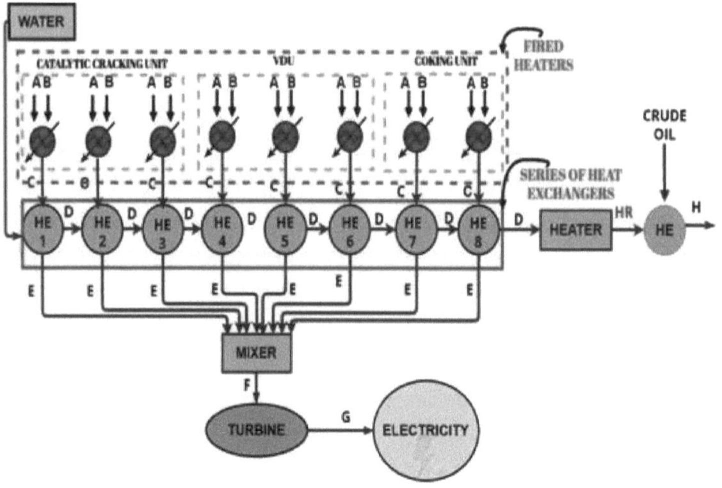

Figura 3.3 Processo de recuperação de calor residual a partir da produção de vapor

A	GASES COMBUSTÍVEIS
B	AR
C	GASES DE COMBUSTÃO
D	CTEAM
E	GÁS QUENTE
F	MISTURADO
G	ELECTRICIDADE
H	VAPOR SOBREAQUECIDO

3.2.4 Descrição pormenorizada do processo de produção de vapor

3.2.4.1 Equipamentos utilizados em cada tecnologia

1. Permutador de calor
2. Turbina

3.2.4.2 Descrição do processo de produção de vapor a partir de calor residual

A recuperação de calor residual através da produção de vapor é efectuada passando os gases de combustão pela água para gerar vapor a partir dos gases de combustão.

3.2.4.3 Descarga de gases de combustão de aquecedores a lenha

As caldeiras colocadas em diferentes posições transformam os gases combustíveis em gases de combustão. Estes gases contêm uma grande quantidade de dióxido de carbono, água e azoto. Existem oito aquecedores de combustão disponíveis a diferentes temperaturas, nomeadamente Compressores suspensos estabilizadores de condensados, Compressores suspensos estabilizadores de óleo, Compressores de reforço de gás, Aquecedores de óleo quente, Compressores frontais centrais, Geradores de gás CPF e muitos mais.

Quadro 3.2 Gases de combustão Temperatura

Gases de combustão	Temperatura
Estabilizador de condensados Compressor	890°F
Estabilizador de óleo Compressores suspensos	870°F
Estabilizador de óleo Compressores suspensos	870°F
Reforço de gás de venda	870°F
Reforço de gás de venda	741°F
Aquecedores de óleo quente	741°F
Compressores frontais centrais	689°F
CPF Geradores de Gás	663°F

3.2.4.4 Recuperação de energia a partir de séries de permutadores de calor

Depois de obter os gases de combustão de diferentes motores térmicos, temos de recuperar o calor através da produção de vapor. Como já foi referido, a produção de vapor é uma tecnologia em que a água é considerada um fluido frio, enquanto os gases de combustão são considerados um fluido quente. Os gases de combustão geram vapor saturado que entra no superaquecedor para posterior aquecimento.

1. Gases de combustão em 1ˢᵗ Permutador de calor

Está a ser utilizado um permutador de calor de casco e tubo no qual a água a 86°F é recolhida no lado do tubo a uma pressão de 18,13 psia com um caudal de 4,782 m³ /hr enquanto que os gases de combustão são recolhidos no lado do casco a uma temperatura de 890°F a uma pressão de 0,65 psia. Agora a troca de calor ocorre e os produtos de saída obtidos são "vapor 1 como 6" da saída do tubo com um aumento de temperatura de 86°F para 104°F e da casca "gases quentes 1 como 7" com uma queda de temperatura de 890°F para 112 F° .

2. Gases de combustão em 2ⁿᵈ Permutador de calor

O "vapor 1" que é a saída do 1° permutador entra no 2° permutador e o fluido quente são os gases de combustão obtidos do gerador de gás CPF com uma temperatura de 870°F a uma mesma pressão dos gases de combustão agora após a troca de calor o produto que obtemos é o vapor 2 como 9 com um aumento de temperatura de 104°F para 121,3 °F.

3. Gases de combustão em 3ʳᵈ Permutador de calor

O "vapor 2", que é a saída do 2ⁿᵈ permutador, entra no 3.° permutador e o fluido quente são os gases de combustão obtidos do gerador de gás MGPF com uma temperatura de 870°F à mesma pressão dos gases de combustão. Agora, após a troca de calor, o produto que obtemos é o vapor 3 como 12 com um aumento de temperatura de 121,3°F para 136,1°F.

4. Gases de combustão em 4ᵗʰ Permutador de calor

O "vapor 3", que é a saída do 3ʳᵈ permutador, entra no 4.° permutador e o fluido quente são os gases de combustão obtidos do Mamrazi Gas Booster com uma temperatura de 741°F a uma mesma pressão dos gases de combustão. Agora, após a troca de calor, o produto que obtemos é o vapor 4 como 15 com um aumento de temperatura de 136,1°F para 150,4°F.

5. Gases de combustão em 5th Permutador de calor

O "vapor 4", que é a saída do 4th permutador, entra no 5.º permutador e o fluido quente são os gases de combustão obtidos a partir do gás de venda Booster com uma temperatura de 870°F a uma mesma pressão de gases de combustão, agora após a troca de calor o produto que obtemos é o vapor 5 como 18 com um aumento de temperatura de 150,4°F a 167,6°F.

6. Gases de combustão em 6th Permutador de calor

O "vapor 5", que é a saída do 5th permutador, entra no 6.º permutador e o fluido quente são os gases de combustão obtidos do compressor central com uma temperatura de 741°F à mesma pressão dos gases de combustão. Agora, após a troca de calor, o produto que obtemos é o vapor 6 como 21 com um aumento de temperatura de 167,6°F para 175,9°F.

7. Gases de combustão em 7th Permutador de calor

O "vapor 6", que é a saída do 6th permutador, entra no 7.º permutador e o fluido quente são os gases de combustão obtidos do Estabilizador de Condensados dos Compressores Superiores com uma temperatura de 689°F a uma mesma pressão dos gases de combustão. Agora, após a troca de calor, o produto que obtemos é o vapor7 como 24 com um aumento de temperatura de 175,9°F para 184,5°F.

8. Gases de combustão em 8th Permutador de calor

O "vapor 7", que é a saída do 7th permutador, entra no 8.º permutador e o fluido quente são os gases de combustão obtidos dos compressores aéreos do estabilizador de óleo com uma temperatura de 663°F a uma mesma pressão dos gases de combustão. Agora, após a troca de calor, o produto que obtemos é o vapor 8 como 28 com um aumento de temperatura de 184,5°F para 194,4° F.

3.2.4.5 Vapor e gases quentes após recuperação de calor residual

Assim, o vapor saturado entra no aquecedor para aumentar a sua temperatura para 752°F, a fim de pré-aquecer o petróleo bruto, enquanto os gases quentes que se obtêm a diferentes temperaturas se misturam num misturador e depois entram na turbina para gerar energia. Desta forma, são atingidos dois objectivos: em primeiro lugar, é gerado vapor saturado aquecido para reduzir o trabalho do superaquecedor e o segundo é reduzir as emissões de carbono para o ambiente.

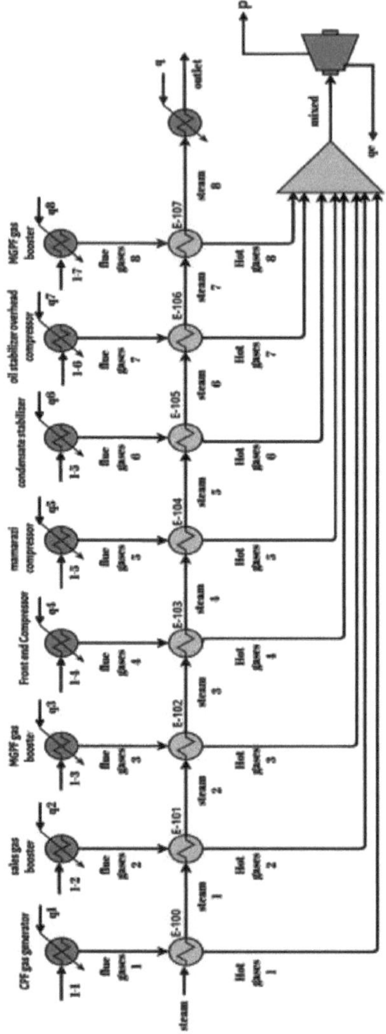

Figura 3.4 Diagrama de fluxo do processo de produção de vapor

3.2.5 Processo de recuperação de calor residual do ciclo orgânico de

48

Rankine

Uma indústria gera 1000KW de potência para um fim específico a partir de um gerador a gás, o gerador a gás utiliza mais consumo de combustível devido à potência de 1000KW. Existe uma opção, se cerca de metade da potência de 1000KW for gerada a partir do ORC, então a carga de energia do gerador a gás será reduzida e, devido a isso, o consumo de combustível também será reduzido.

O processo básico de recuperação de calor residual começa quando os gases de combustão com a mesma composição de diferentes aquecedores são expelidos. A fim de limpar o ambiente e reduzir o consumo de combustível, a indústria do petróleo e do gás tem de recuperar o calor residual. A indústria dispõe de oito (8) aquecedores de combustão, nomeadamente os boosters de gás Mamrazi, os boosters de gás Sales, os geradores de gás, etc., que são colocados em diferentes posições. Estes aquecedores convertem os gases de combustível em gases de combustão e, em seguida, estes gases de combustão são introduzidos nos permutadores de calor como fluido quente e CALFLO (fluido orgânico) como fluido frio. Foram efectuados oito ciclos para cada fluxo de gases de combustão. Os restantes gases de combustão de cada permutador são introduzidos na turbina para gerar energia.

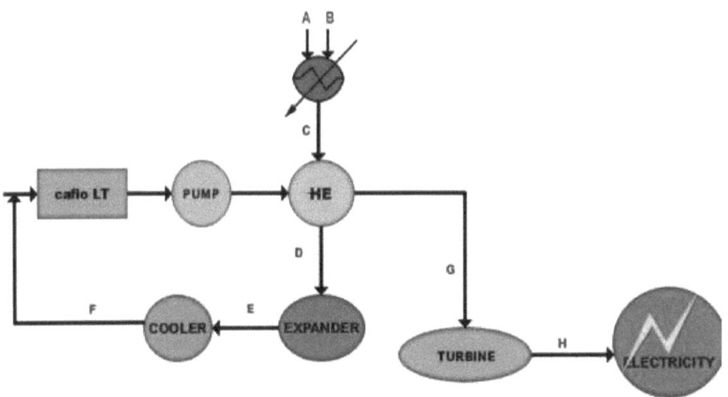

Figura 3.5 Descrição do processo ORC

A	GASES COMBUSTÍVEIS
B	AR

C	GASES DE COMBUSTÃO
D	PERMUTADOR DE CALOR FORA
E	EXPANDER OUT
F	ARREFECEDOR FORA
G	GÁS
H	TURBINA FORA

3.26 Descrição pormenorizada do processo do CRO

3.2.6.1 Equipamentos utilizados em cada tecnologia

1. Bomba
2. Permutador de calor
3. Turbina
4. Refrigerador

3.2.6.2 Descrição do processo de ORC

A recuperação de calor residual ORC é efectuada através da passagem de gases de combustão da Calflo para gerar vapor que se expande na turbina para gerar energia.

3.2.6.3 Descarga de gases de combustão de aquecedores a lenha

As caldeiras colocadas em diferentes posições transformam os gases combustíveis em gases de combustão. Estes gases contêm uma grande quantidade de dióxido de carbono, água e azoto. Existem oito aquecedores de combustão disponíveis a diferentes temperaturas.

Gases de combustão	Temperatura
Estabilizador de condensados Compressor	890°F
Estabilizador de óleo Compressores suspensos	870°F
Estabilizador de óleo Compressores suspensos	870°F
Reforço de gás de venda	870°F
Booster de gás de venda	741°F

Aquecedores de óleo quente	741°F
Compressores frontais centrais	689°F
CPF Geradores a gás	663°F

Quadro 3.3 Temperatura dos gases de combustão

3.2.6.4 Recuperação de energia a partir de séries de permutadores de calor

Depois de obter os gases de combustão de diferentes motores térmicos, temos de recuperar o calor através do ORC. Como já foi referido, no ciclo orgânico de Rankine, o Calflo (fluido de trabalho) é bombeado para o permutador, a partir do qual os gases de combustão o convertem em vapor, que se expande na turbina para gerar energia, e o restante fluido é condensado num refrigerador e, em seguida, entra novamente na bomba para completar o ciclo.

1. Gases de combustão em 1st ORC

O fluxo de Calflo passa da bomba, do permutador de calor, da turbina e do arrefecedor numa forma de circuito para obter energia, o processo continuará assim.

Bomba: Em primeiro lugar, o fluxo CALFLO-LT com uma temperatura de 590° F e uma pressão de 50kPa entra numa bomba onde a pressão aumenta de 50kPa para 80 kPa enquanto os outros parâmetros permanecem iguais. Depois, o fluxo passa para o permutador de calor.

Permutador de calor: Após a bomba, o fluxo entra no permutador de calor. O fluido de trabalho (CALFLO-LT) é considerado como um fluido frio colocado no tubo, enquanto os gases de combustão com uma temperatura de 890° F são considerados como um fluido quente colocado no invólucro. Agora, os produtos de saída obtidos são gases de combustão com baixa temperatura e fluido de trabalho numa fase de vapor com um aumento de temperatura de 590° F para 644° F. Em seguida, passa para a turbina.

Turbina: O fluxo de CALFLO numa fase de vapor passa então para a turbina onde há uma diminuição da pressão de 75kPa para 55kPa e também uma ligeira diminuição da temperatura. O processo desejado está completo aqui. Agora, para a continuação do ciclo, o fluxo será transferido para o arrefecedor para arrefecimento.

Refrigerador: O fluxo de Calflo numa fase de vapor da turbina passa para o refrigerador onde se condensa a baixa temperatura para voltar a passar para a bomba.

Todo o processo continuará a ser o mesmo.

2. Gases de combustão em 2nd ORC

O fluxo de Calflo passa da bomba, do permutador de calor, da turbina e do arrefecedor numa forma de circuito para obter energia, o processo continuará assim.

Bomba: Em primeiro lugar, o fluxo CALFLO-LT com uma temperatura de 590° F e uma pressão de 50kPa entra numa bomba onde a pressão aumenta de 50kPa para 80 kPa enquanto os outros parâmetros permanecem iguais. Depois, o fluxo passa para o permutador de calor.

Permutador de calor: Após a bomba, o fluxo entra no permutador de calor. O fluido de trabalho (CALFLO-LT) é considerado como um fluido frio colocado no tubo, enquanto os gases de combustão com uma temperatura de 870° F são considerados como um fluido quente colocado no invólucro. Agora, os produtos de saída obtidos são gases de combustão com baixa temperatura e fluido de trabalho numa fase de vapor com um aumento de temperatura de 590 ° F para 644° F. Em seguida, passa para a turbina.

Turbina: O fluxo de CALFLO numa fase de vapor passa então para a turbina onde há uma diminuição da pressão de 75kPa para 55kPa e também uma ligeira diminuição da temperatura. O processo desejado está completo aqui. Agora, para a continuação do ciclo, o fluxo será transferido para o arrefecedor para arrefecimento.

Refrigerador: Como foi discutido anteriormente, o arrefecedor é utilizado como condensador, pelo que consideramos que a mudança de fase também ocorre. O fluxo de calflo numa fase de vapor da turbina passa para o arrefecedor onde se condensa a baixa temperatura para voltar a passar para a bomba.

Todo o processo continuará a ser o mesmo.

3. Gases de combustão em 3rd ORC

O fluxo de Calflo passa da bomba, do permutador de calor, da turbina e do arrefecedor numa forma de circuito para obter energia, o processo continuará assim.

Bomba: Em primeiro lugar, o fluxo CALFLO-LT com uma temperatura de 590° F e uma pressão de 50kPa entra numa bomba onde a pressão aumenta de 50kPa para 80 kPa enquanto os outros parâmetros permanecem iguais. Depois, o fluxo passa para o permutador de calor.

Permutador de calor: Depois da bomba, o fluxo entra no permutador de calor. O fluido de trabalho (CALFLO-LT) é considerado como um fluido frio colocado no tubo, enquanto os gases de combustão com uma temperatura de 870° F são considerados como um fluido quente colocado no invólucro. Agora, os produtos de saída obtidos são gases de combustão com baixa temperatura e fluido de trabalho numa fase de vapor com um aumento de temperatura de 590 ° F para 644° F. Em seguida, passa para a turbina.

Turbina: O fluxo de CALFLO numa fase de vapor passa então para a turbina onde há uma diminuição da pressão de 75kPa para 55kPa e também uma ligeira diminuição da temperatura. O processo desejado está completo aqui. Agora, para a continuação do ciclo, o fluxo será transferido para o arrefecedor para arrefecimento.

Refrigerador: Como foi discutido anteriormente, o arrefecedor é utilizado como condensador, pelo que consideramos que a mudança de fase também ocorre. O fluxo de calflo numa fase de vapor da turbina passa para o arrefecedor onde se condensa a baixa temperatura para voltar a passar para a bomba.

Todo o processo continuará a ser o mesmo.

4. Gases de combustão em 4th ORC

O fluxo de Calflo passa da bomba, do permutador de calor, da turbina e do arrefecedor numa forma de circuito para obter energia, o processo continuará assim.

Bomba: Em primeiro lugar, o fluxo CALFLO-LT com uma temperatura de 590° F e uma pressão de 50kPa entra numa bomba onde a pressão aumenta de 50kPa para 80 kPa enquanto os outros parâmetros permanecem iguais. Depois, o fluxo passa para o permutador de calor.

Permutador de calor: Após a bomba, o fluxo entra no permutador de calor. O fluido de trabalho (CALFLO-LT) é considerado como um fluido frio colocado no tubo, enquanto os gases de combustão com uma temperatura de 870° F são considerados como um fluido quente colocado no invólucro. Agora, os produtos de saída obtidos são gases de combustão com baixa temperatura e fluido de trabalho numa fase de vapor com um aumento de temperatura de 590° F para 644° F. Em seguida, passa para a turbina.

Turbina: O fluxo de CALFLO numa fase de vapor passa então para a turbina onde há uma diminuição da pressão de 75kPa para 55kPa e também uma ligeira diminuição da temperatura. O processo desejado está completo aqui. Agora, para a continuação do ciclo, o fluxo será transferido para o arrefecedor para arrefecimento.

Refrigerador: Como foi discutido anteriormente, o arrefecedor é utilizado como condensador, pelo que consideramos que a mudança de fase também ocorre. O fluxo de calflo numa fase de vapor da turbina passa para o arrefecedor onde se condensa a baixa temperatura para voltar a passar para a bomba.

Todo o processo continuará a ser o mesmo.

5. Gases de combustão em 5th ORC

O fluxo de Calflo passa da bomba, do permutador de calor, da turbina e do arrefecedor numa forma de circuito para obter energia, o processo continuará assim.

Bomba: Em primeiro lugar, o fluxo CALFLO-LT com uma temperatura de 590° F e uma pressão de 50kPa entra numa bomba onde a pressão aumenta de 50kPa para 80 kPa enquanto os outros parâmetros permanecem iguais. Depois, o fluxo passa para o permutador de calor.

Permutador de calor: Depois da bomba, o fluxo entra no permutador de calor. O fluido de trabalho (CALFLO-LT) é considerado como um fluido frio colocado no tubo, enquanto os gases de combustão com uma temperatura de 741° F são considerados como um fluido quente colocado no invólucro. Agora, os produtos de saída obtidos são gases de combustão com baixa temperatura e fluido de trabalho numa fase de vapor com um aumento de temperatura de 590° F para 644° F. Em seguida, passa para a turbina.

Turbina: O fluxo de CALFLO numa fase de vapor passa então para a turbina onde há uma diminuição da pressão de 75kPa para 55kPa e também uma ligeira diminuição da temperatura. O processo desejado está completo aqui. Agora, para a continuação do ciclo, o fluxo será transferido para o arrefecedor para arrefecimento.

Refrigerador: O fluxo de Calflo em fase de vapor da turbina passa para o refrigerador onde se condensa a baixa temperatura para voltar a passar para a bomba.

Todo o processo continuará a ser o mesmo.

6. Gases de combustão em 6th ORC

O fluxo de Calflo passa da bomba, do permutador de calor, da turbina e do arrefecedor numa forma de circuito para obter energia, o processo continuará assim.

Bomba: Em primeiro lugar, o fluxo CALFLO-LT com uma temperatura de 590° F e uma pressão de 50kPa entra numa bomba onde a pressão aumenta de 50kPa para 80 kPa enquanto os outros parâmetros permanecem iguais. Depois, o fluxo passa para o permutador de calor.

Permutador de calor: Após a bomba, o fluxo entra no permutador de calor. O fluido de trabalho (CALFLO-LT) é considerado como um fluido frio colocado no tubo, enquanto os gases de combustão com uma temperatura de 741° F são considerados como um fluido quente colocado no invólucro. Agora, os produtos de saída obtidos são gases de combustão com baixa temperatura e fluido de trabalho numa fase de vapor com um aumento de temperatura de 590° F para 644° F. Em seguida, passa para a turbina.

Turbina: O fluxo de CALFLO numa fase de vapor passa então para a turbina onde há uma diminuição da pressão de 75kPpa para 55kPa e também uma ligeira diminuição da temperatura. O processo desejado está completo aqui. Agora, para a continuação do ciclo, o fluxo passará para o arrefecedor para arrefecimento.

Refrigerador: Como foi discutido anteriormente, o arrefecedor é utilizado como condensador, pelo que consideramos que a mudança de fase também ocorre. O fluxo de calflo numa fase de vapor da turbina passa para o arrefecedor onde se condensa a baixa temperatura para voltar a passar para a bomba.

Todo o processo continuará a ser o mesmo.

7. Gases de combustão em 7th ORC

O fluxo de Calflo passa da bomba, do permutador de calor, da turbina e do arrefecedor numa forma de circuito para obter energia, o processo continuará assim.

Bomba: Em primeiro lugar, o fluxo CALFLO-LT com uma temperatura de 590° F e uma pressão de 50kPa entra numa bomba onde a pressão aumenta de 50kPa para 80 kPa enquanto os outros parâmetros permanecem iguais. Depois, o fluxo passa para o permutador de calor.

Permutador de calor: Depois da bomba, o fluxo entra no permutador de calor. O fluido de trabalho (CALFLO-LT) é considerado como um fluido frio colocado no tubo, enquanto os gases de combustão com uma temperatura de 689° F são considerados como um fluido quente colocado no invólucro. Agora, os produtos de saída obtidos são gases de combustão com baixa temperatura e fluido de trabalho numa fase de vapor com um aumento de temperatura de 590° F para 644° F. Em seguida, passa para a turbina.

Turbina: O fluxo de CALFLO numa fase de vapor passa então para a turbina onde há uma diminuição da pressão de 75kPpa para 55kPa e também uma ligeira diminuição da temperatura. O processo desejado está completo aqui. Agora, para a continuação do ciclo, o fluxo será transferido para o arrefecedor para arrefecimento.

Refrigerador: Como foi discutido anteriormente, o arrefecedor é utilizado como condensador, pelo que consideramos que a mudança de fase também ocorre. O fluxo de calflo numa fase de vapor da turbina passa para o arrefecedor onde se condensa a baixa temperatura para voltar a passar para a bomba.

Todo o processo continuará a ser o mesmo.

8. Gases de combustão em 8th ORC

O fluxo de Calflo passa da bomba, do permutador de calor, da turbina e do arrefecedor numa forma de circuito para obter energia, o processo continuará assim.

Bomba: Em primeiro lugar, o fluxo CALFLO-LT com uma temperatura de 590° F e uma pressão de 50kPa entra numa bomba onde a pressão aumenta de 50kPa para 80 kPa enquanto os outros parâmetros permanecem iguais. Depois, o fluxo passa para o permutador de calor.

Permutador de calor: Após a bomba, o fluxo entra no permutador de calor. O fluido de trabalho (CALFLO-LT) é considerado como um fluido frio colocado no tubo, enquanto os gases de combustão com uma temperatura de 663° F são considerados como um fluido quente colocado no invólucro. Agora, os produtos de saída obtidos são gases de combustão com baixa temperatura e fluido de trabalho numa fase de vapor com um aumento de temperatura de 590° F para 644° F. Em seguida, passa para a turbina.

Turbina: O fluxo de CALFLO numa fase de vapor passa então para a turbina onde há uma diminuição da pressão de 75kPpa para 55kPa e também uma ligeira diminuição da temperatura. O processo desejado está completo aqui. Agora, para a continuação do ciclo, o fluxo será transferido para o arrefecedor para arrefecimento.

Refrigerador: O fluxo de Calflo em fase de vapor da turbina passa para o refrigerador onde se condensa a baixa temperatura para voltar a passar para a bomba.

Todo o processo continuará a ser o mesmo.

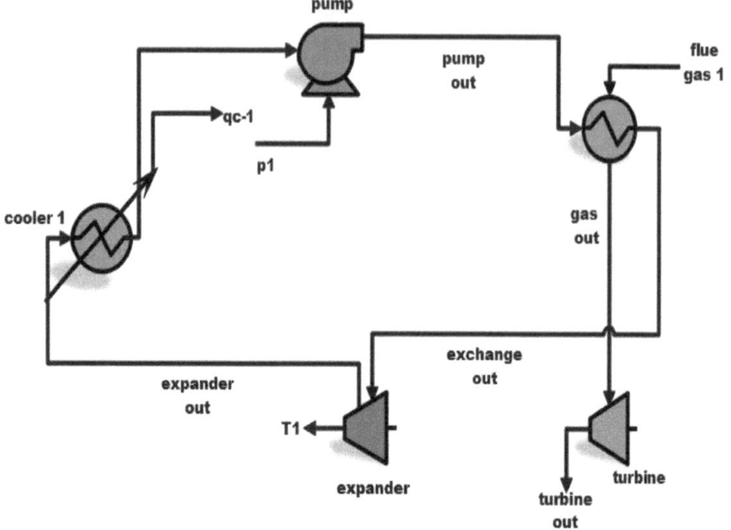

Figura 3.6 Diagrama de fluxo do processo do ciclo de rankine orgânico

3.3 Limitações de cada tecnologia

3.3.1 Limitações do óleo quente

- **Incrustação**: Em situações em que o óleo quente tem impurezas ou conteúdo mineral, pode ocorrer incrustação nas superfícies internas dos tubos, reduzindo a eficiência da transferência de calor e necessitando de limpeza ou substituição.
- **Queda de pressão:** O fluxo de fluidos através do permutador de calor pode resultar em quedas de pressão tanto no lado do casco como no lado do tubo. Quedas de pressão excessivas podem afetar o desempenho global do sistema e podem exigir energia de bombagem adicional.
- **Diferença de temperatura:** A eficiência da transferência de calor num permutador de calor é influenciada pela diferença de temperatura entre os fluidos quente e frio. Se a diferença de temperatura entre os gases de combustão e o óleo quente for demasiado pequena, a taxa de transferência de calor e a

eficiência global do sistema podem ser comprometidas.

3.3.2 Limitações da produção de vapor

- **Qualidade da água:** A qualidade da água utilizada para a produção de vapor é crucial. As impurezas na água podem contribuir para a formação de incrustações, corrosão e redução da eficiência. É necessário um tratamento adequado da água para manter o desempenho.
- **Eficiência limitada:** A eficiência da recuperação de calor é limitada pela diferença de temperatura entre os gases de combustão e o vapor. Se a diferença de temperatura for pequena, a eficiência do processo de troca de calor pode ser limitada.
- **Quedas de pressão:** O vapor de alta pressão no lado do tubo pode levar a quedas de pressão significativas dentro dos tubos. Isto pode exigir energia adicional para bombear e pode afetar a eficiência global do sistema

3.3.3 Limitações do orc

- **Combinação de fluidos de trabalho:** Identificar um fluido de trabalho orgânico adequado que possa funcionar eficientemente dentro da gama de temperaturas da fonte de calor residual pode ser um desafio. Nem todos os fluidos de trabalho são adequados para aplicações a baixas temperaturas.

- **Impacto ambiental:** Embora os sistemas ORC possam ser mais amigos do ambiente do que a produção de energia tradicional baseada em combustíveis fósseis, a escolha do fluido de trabalho orgânico deve considerar factores como a toxicidade, inflamabilidade e potencial de aquecimento global.
- **Manutenção:** Alguns fluidos de trabalho orgânicos podem ser quimicamente instáveis a temperaturas elevadas, conduzindo potencialmente à degradação e à necessidade de substituição mais frequente do fluido ou de manutenção do sistema.

Capítulo 4

Modelo de processo

4.1 Introdução

Neste capítulo, o foco está na simulação, nos seus critérios de convergência e na validação do modelo para diferentes tecnologias que utilizam o calor residual recuperado.

4.2 Introdução ao ASPEN H YSYS

O ASPEN HYSYS é um dos softwares mais utilizados para modelação e conceção de processos. Inclui vários números de modelos matemáticos (ou equações) para prever os resultados. Pode prever com muita precisão os resultados de processos multifacetados.

4.3 Seleção de componentes

4.3.1 Lista de componentes para gases de combustão

Quadro 4.1 Listas de componentes

S.N.	Componentes	Composições
1	Metano	0.000
2	Etano	0.000
3	Propano	0.000
4	i-butano	0.000
5	n-butano	0.000
6	Oxigénio	0.000
7	Água	0.0176
8	Nitrogénio	0.7589
9	Dióxido de carbono	0.2235

4.3.2 Lista de componentes do óleo quente

Quadro 4.2 Lista de componentes do óleo quente

S.N.	Componentes	Composições
1	Metano	0.000
2	Etano	0.000
3	Propano	0.000
4	i-butano	0.000
5	n-butano	0.000
6	Oxigénio	0.000
7	Água	0.000
8	Dióxido de carbono	0.000
9	Nitrogénio	0.000
10	Texatherm	1.000

4.3.3 Lista de componentes da produção de vapor

Quadro 4.3 Lista de componentes da produção de vapor

S.N.	Componentes	Composições
1	Metano	0.000
2	Etano	0.000
3	Propano	0.000
4	i-butano	0.000
5	n-butano	0.000
6	Oxigénio	0.000
7	Água	1.000
8	Nitrogénio	0.000
9	Dióxido de carbono	0.000

4.3.3 Lista de componentes do Calflo LT do ciclo orgânico de Rankine

Quadro 4.4 Lista de componentes do componente Calflo

S.N.	Componentes	Composições
1	Metano	0.000
2	NBP[0]311*	0.0338
3	NBP[0]326*	0.0856
4	NBP[0]335*	0.4950
5	NBP[0]353*	0.1020
6	NBP[0]369*	0.0985
7	NBP[0]384*	0.1377
8	NBP[0]396*	0.0474

4.4 Seleção de embalagens

É sempre importante selecionar um método de propriedadeadequado. Este método é composto por um conjunto de equações que produzirão os resultados de um determinado projeto de forma mais eficiente. A sua seleção depende da natureza do modelo.

Selecionámos o pacote de propriedades Peng-Robinson (PR) como pacote fluido pelas seguintes razões

- Maior gama de aplicabilidade em termos de T e P
- Tratamentos especiais para alguns componentes-chave
- A maior base de dados de parâmetros de interação binária

4.5 Seleção do modelo de unidade

4.5.1 Para óleo quente

Tabela 4.5 Descrição do equipamento

Equipamento	Descrições
Aquecedor	Gases de combustão gerados por aquecedores a lenha
Permutador de calor	É utilizado para transferir calor entre uma fonte e um fluido de trabalho.
Turbina	É um dispositivo mecânico rotativo que extrai energia de um fluido e a converte em trabalho útil.

4.5.2 Para a produção de vapor

Tabela 4.6 Descrição do equipamento

Unidades	Descrição
Aquecedor	Gases de combustão gerados por aquecedores a lenha
Permutador de calor	É utilizado para transferir calor entre uma fonte e um fluido de trabalho.
Turbina	É um dispositivo mecânico rotativo que extrai energia de um fluido e a converte em trabalho útil.

4.5.3 para o ciclo orgânico de Rankine

Quadro 4.7 Nome do equipamento

Unidades	Descrição

Bomba	A bomba é utilizada para transferir ou bombear o fluxo de líquido de um lado para outro do tubo.
Permutador de calor	O permutador de calor é definido como o sistema utilizado para transferir calor entre uma fonte e um fluido de trabalho.
Turbina	É um dispositivo mecânico rotativo que extrai energia de um fluido e a converte em trabalho útil. .
Refrigerador	Os arrefecedores são utilizados para arrefecer o vapor e reduzir a carga térmica.

4.5 Pressupostos

- O processo em estado estacionário é assumido em todo o processo para facilitar o cálculo.
- As alterações nas energias cinética e potencial foram negligenciadas nos cálculos do balanço energético.
- O teor de enxofre nos gases de combustão é insignificante.

4.7 Cálculo estequiométrico

$$Fuel + O_2 \rightarrow CO_2 + H_2O$$

Tabela 4.8 Tabela estequiométrica

Componente	Fração molar	Massa molecular	Massa
CH_4	91.339	16	14.614
C_2H_6	6.109	30	1.832

C_3H_8	0.1911	44	0.084
$n - C_4H_{10}$	0.004	58	0.002
$i - C_4H_{10}$	0.002	58	0.001
CO_2	1.38	44	0.609
			Total=17.415

Para o metano

$$CH_4 + 2O_2 \rightarrow CO_2 + 2H_2O$$

16g de CH_4 reagir com 64g de O_2

14,61 g de CH_4 reagem com $\frac{64}{16} * 14.61$g de O_2

14,61g de CH_4 reagem com 58,456g de O_2

Para o etano

$$2C_2H_6 + 7O_2 \rightarrow 4CO_2 + 6H_2O$$

60g de C_2H_6 reagem com 176g de O_2

1,382 g de C_2H_6 reagem com $\frac{176}{60} * 1.382$g de O_2

1,382g de C_2H_6 reagir com 5,375g de O_2

Para Propano

$$C_3H_8 + 5O_2 \rightarrow 3CO_2 + 4H_2O$$

44g de C_3H_8 reagem com 132g de O_2

0,084 g de C_3H_8 reagem com $\frac{132}{44} * 0.084$g de O_2

0,084g de C_3H_8 reagem com 0,252g de O_2

Para i-Butano

$$2C_4H_{10} + 13O_2 \rightarrow 8CO_2 + 10H_2O$$

58g de C_4H_{10} reagem com 352g de O_2

0,002g de C_4H_{10} reagem com $\frac{352}{58} * 0.002$g de O_2

0,002g de C_4H_{10} reage com 0,013g de O_2

Para n-Butano

$$2C_4H_{10} + 13O_2 \rightarrow 8CO_2 + 10H_2O$$

58g de C_4H_{10} reagem com 352g de O_2

0,003g de C_4H_{10} reagem com $\frac{352}{58} * 0.003$g de O_2

0,003g de C_4H_{10} reage com 0,023g de O_2

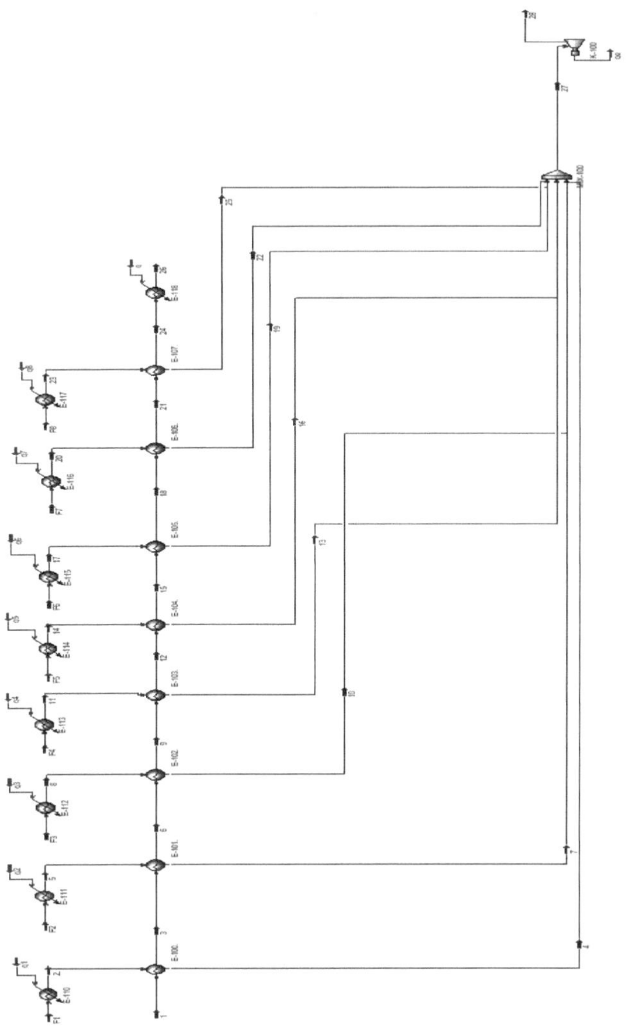

Figura 4.1 Simulação de óleo quente

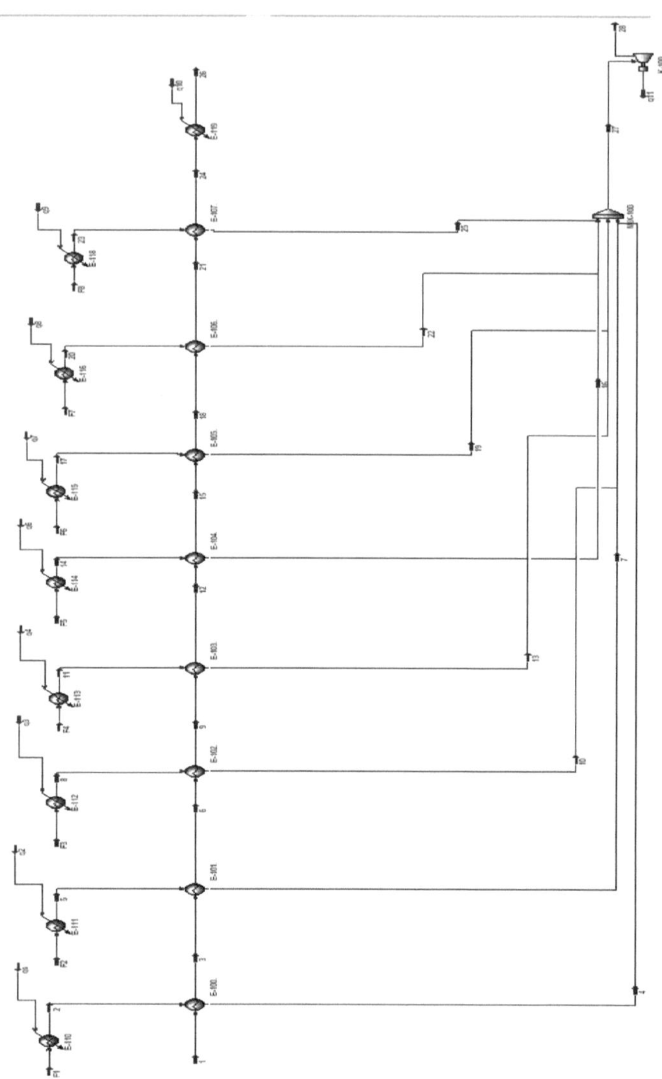

Figura 4.2 Simulação da produção de vapor

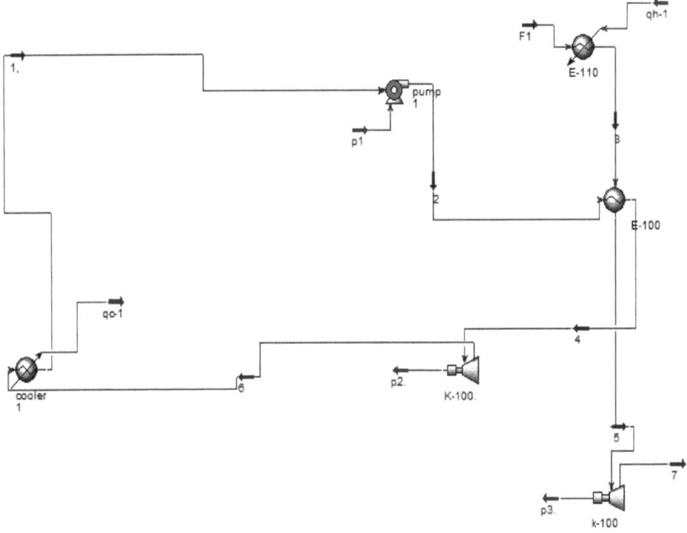

Figura 4.3 Simulação do ciclo orgânico de Rankine

## Capítulo 5

Balanço material e energético

5.1 Introdução

Neste capítulo, aplicaremos as leis de conservação da massa e da energia aos volumes de controlo de interesse, que incluem todos os equipamentos que constituem a unidade de recuperação de calor residual. Estes balanços são essenciais para detetar quaisquer erros residuais, tornando assim sistemático evitar erros com base no princípio de que tanto a massa como a energia são conservadas.

Matematicamente, pode ser expresso como:

$Input - output + generation - consumption = accumulation$

Em condições de estado estacionário, $accumulation$=0

E, no nosso caso, não está a ocorrer nenhuma reação, pelo que, para um sistema não reativo, $generation$=0

Assim, a Equação passa a ser: $Input$=$output$

O balanço energético é utilizado para examinar diferentes fases do processo, desde a conversão da matéria-prima até ao produto acabado. O balanço energético inclui todas as energias adicionadas ou removidas do sistema. Para aplicar o balanço energético, é necessário conhecer a forma de energia fornecida ou retirada do sistema. (A. Bhatia, 2020)

5.2 Balanço material de todas as tecnologias

5.2.1 Balanço de massa e energia do óleo quente

O balanço de massa e energia foi efectuado em todos os componentes do óleo quente. Seguem-se os quadros que incluem o balanço de massa e energia do óleo quente.

1. **Aquecedor**

Quadro 5.1 Balanço material do aquecedor

	Fluxo	BALANÇO DE MASSA				BALANÇO ENERGÉTICO	
		Entrada		Saída		Entrada	Saída
		Fluxos de massa (lb/hr)	Fluxo molar lbmol/h	Fluxos de massa (lb/hr)	Caudais molares lbmol/h	Fluxo de calor (Btu/hr)	Fluxo de calor (Btu/hr)
E-110	F_1	8.81e+02	28.12			-9.59e+06	
	2			8.81e+02	28.12		-9.27e+05
	q_{H1}					3.27e+04	
E-111	F_2	9.92e+02	31.58			-1.08e+06	
	5			9.92e+02	31.58		-1.05e+06
	q_{H2}						
E-112	F_3	1.10e+03	34.94			-1.26e+06	
	8			1.10e+03	34.94		-1.23e+06
	q_{H3}					3.492e+04	
E-113	F_4	8.81e+02	26.88			-1.27+06	
	11			8.81e+02	26.88		-1.24e+06
	q_{H4}					2.77e+04	
E-114	F_5	8.37e+02	25.13			-1.33e+06	
	14			8.37e+02	25.13		

	q_{H5}					5.52e+03	-1.33e+06
E-115	F_6	7.71e+02	23.00			-1.27e+06	
	17			7.71e+02	23.00		-1.26e+06
	q_{H6}					1.05e+04	
E-116	F_7	8.15e+02	25.70			-1.01e+06	
	20			8.15e+02	25.70		-9.90e+05
	q_{H7}					2.87e+04	
E-117	F_8	7.71e+02	34.31			-9.60e+05	
	23			7.71e+02	24.31		9.42e+05
	q_{H8}					1.83e+04	

1- Aquecedor (continuar)

E-118	24	5.35e+03	5.368			9.50e+05	
	q			5.35e+03	5.368		2.41e+06
						1.46e+06	

TOTAL		1.23e+04	2.25e+2	1.23e+04	2.25e+2	-1.51e+07	-1.51e+07

2- H permutador de calor

Quadro 5.2 Balanço material do permutador de calor

	Fluxo	BALANÇO DE MASSA				BALANÇO ENERGÉTICO	
		Entrada		Saída		Entrada	Saída
		Fluxos de massa (lb/hr)	Fluxos molares lbmol/h	Fluxos de massa (lb/hr)	Fluxos molares lbmol/hr	Fluxo de calor (Btu/hr)	Fluxo de calor (Btu/hr)
E-100	1,2	6.23e+03	33.488			-4.23e+05	
	3,4			6.23e+03	33.488		-4.23e+05
E-101	3,5	6.34e+03	36.948			-4.56e+05	
	6,7			6.34e+03	36.948		-4.56e+05
E-102	6,8	6.45e+03	40.308			-5.42e+05	
	9,10			6.45e+03	40.308		-5.42e+05
E-103	9,11	6.23e+03	32.248			-4.57e+05	
	12,13			6.23e+03	32.248		-4.57e+05

	Fluxo	Mas fluxos (lb/h)	Molar fluxos lbmol/h	Fluxos de massa (lb/hr)	Fluxos molares (lbmol/hr)	Fluxo de calor (Btu/hr)	Fluxo de calor (Btu/hr)
E-104	12,14	6.19e+03	30.498			-4.75e+05	
	15,16			6.19e+03	30.498		-4.75e+05
E-105	15,17	6.12e+03	28.368			-3.76e+05	
	18,19			6.12e+03	28.368		-3.76e+05
E-106	18,20	6.16e+03	31.068			-6.94+04	
	21,22			6.19e+03	31.068		-6.94+04
E-107	21,23	6.12e+03	29.678			-2.50e+03	
	24,25			6.12e+03	29.678		-2.50e+03
TOTAL		4.98e+04	262.604	4.98e+04	262.604	-2.80e+06	-2.80e+06

3-Misturador

	Fluxo	BALANÇO DE MASSA				BALANÇO ENERGÉTICO	
		Entrada		Saída		Entrada	Saída
		Mas fluxos (lb/h)	Molar fluxos lbmol/h	Fluxos de massa (lb/hr)	Fluxos molares (lbmol/hr)	Fluxo de calor (Btu/hr)	Fluxo de calor (Btu/hr)
Mistura-100	4,7,10 13,16, 19,22, 25	7055	219.6			-9.49e+06	

				7055	219.6		- 9.49e+0 6
	27						
TOTAL		7055	219. 6	7055	219.6	- 9.49e+0 6	- 9.49e+0 6

Quadro 5-3 Balanço de materiais do misturador

4-Turbina

Quadro 5-4 Balanço de materiais da turbina

| | Fluxo | BALANÇO DE MASSA | | | | BALANÇO ENERGÉTICO | |
| | | Entrada | | Saída | | Entrada | Saída |
		Fluxos de massa (lb/hr)	Fluxos molares lbmol/h	Fluxos de massa (lb/hr)	Fluxo molar lbmol/h	Fluxo de calor (Btu/hr)	Fluxo de calor (Btu/hr)
K-100	27	7.05e+03	219.6			-9.441e+6	
	28			7.05e+03	219.6		-9.571e+06
	q_e					1.301e+5	
TOTAL		7.05e+03	219.6	7.05e+03	219.6	-9.571e+6	-9.571e+06

5.2.2 Balanço de massa e energia da produção de vapor

O balanço de massa e energia foi efectuado em todos os componentes da produção de vapor. Seguem-se os quadros que incluem o balanço de massa e energia da produção de vapor.

1-Aquecedor

Quadro 5.5 Balanço material do Heate r

	Fluxo	BALANÇO DE MASSA	BALANÇO ENERGÉTICO

		Entrada		Saída		Entrada	Saída
		Fluxos de massa (lb/hr)	Fluxo molar lbmol/h	Fluxos de massa (lb/hr)	Caudais molares lbmol/h	Fluxo de calor (Btu/hr)	Fluxo de calor (Btu/hr
E-110	F_1	9.92e+02	29.58			-1.71e+06	
	2			9.92e+02	29.58		-1.59e+06
	q_{H1}					1.26e+05	
E-111	F_2	9.92e+02	30.98			-1.34e+06	
	5			9.92e+02	30.98		-1.22e+06
	q_{H2}					1.21e+05	
E-112	F_3	8.81e+02	26.28			-1.50e+06	
	8			8.81e+02	26.28		-1.41e+06
	q_{H3}					8.52e+04	
E-113	F_4	1.05e+03	33.16			-1.36+06	
	11			1.05e+03	33.16		-1.32e+06
	q_{H4}					4.69e+04	
E-114	F_5	1.05e+02	33.14			-1.32e+06	
	14			1.05e+03	33.14		-1.27e+06
	q_{H5}					4.35e+04	
E-115	F_6	6.61e+02	19.72			-1.09e+06	

	17			6.61e+02	19.72		-1.08e+06
	q_{H6}					1.06e+04	
E-116	F_7	7.71e+02	23.00			-1.30e+06	
	20			7.71e+02	23.00		-1.27e+06
	q_{H7}					2.33e+04	

1- Aquecedor (continuar)

E-117	F_8	6.61e+02	20.73			-8.54e+005	
	23			6.61e+02	20.73		-8.38e+05
	q_{H8}					1.56e+004	
E-118	24	1.05e+04	584.1			-7.06e+007	
	q			1.05e+04	584.1		-5.74e+07
						1.32e+007	

TOTAL		2.80e+04	1.38e+03	2.80e+04	1.38e+03	-6.773e+07	-6.773e+07

2- Permutador de calor

Quadro 5.6 Balanço de materiais do permutador de calor

	Fluxo	BALANÇO DE MASSA				BALANÇO ENERGÉTICO	
		Entrada		Saída		Entrada	Saída
		Fluxos de massa (lb/hr)	Fluxos molares lbmol/h	Fluxos de massa (lb/hr)	Fluxos molares lbmol/hr	Fluxo de calor (Btu/hr)	Fluxo de calor (Btu/hr)
E-100	1,2	1.14e+04	6.13e+02			-7.32e+07	
	3,4				-7.32e+7		-7.32e+07
E-101	3,5	1.14e+04	6.15e+02			-7.27e+07	
	6,7			1.14e+04	6.15e+02		-7.27e+07
E-102	6,8	1.13e+04	6.10e+02			-7.27e+07	
	9,10			1.13e+04	6.10e+02		-7.27e+07

E-103	9,11	1.15e+04	6.17e+02			-7.25e+07	
	12,13			1.15e+04	6.17e+02		-7.25e+07
E-104	12,14	1.15e+04	6.17e+02			-7.22e+07	
	15,16			1.15e+04	6.17e+02		-7.22e+07
E-105	15,17	1.15e+04	6.03e+02			-7.18e+07	
	18,19			1.15e+04	6.02e+02		-7.18e+07
E-106	18,20	1.12e+04	6.07e+02			-7.20e+07	
	21,22			1.12e+04	6.07e+02		-7.20e+07
E-107	21,23	1.11e+04	6.04e+02			-7.15e+07	
	24,25			1.11e+04	6.04e+02		-7.15e+07
TOTAL		9.50e+04	4.88e+03	9.50e+04	4.88e+03	-5.06e+08	-5.06e+08

3-Misturador

Quadro 5.7 Balanço de materiais do misturador

| | | BALANÇO DE MASSA | | | | ENERGIA BALANÇO | |
| | Fluxo | Entrada | | Saída | | Entrada | Saída |
		Massa fluxos (lb/hr)	Molar fluxos lbmol/h	Fluxos de massa (lb/hr)	Fluxos molares lbmol/hr	Fluxo de calor (Btu/hr)	Fluxo de calor (Btu/hr)
Mistura-100	4,7,1 013, 16,1 9, 2,25	7.07e+03	216.6			1.11e+07	
	27			7.07e+03	216.6		1.11e+07
TOTAL		7.07e+03	216.6	7.07e+03	216.6	1.11e+07	1.11e+07

4-Turbina

Quadro 5.8 Balanço de materiais da turbina

| | | BALANÇO DE MASSA | | | | BALANÇO ENERGÉTICO | |
| | Fluxo | Entrada | | Saída | | Entrada | Saída |
		Fluxos de massa (lb/hr)	Fluxos molares lbmol/h	Fluxos de massa (lb/hr)	Fluxos molar lbmol/h	Fluxo de calor (Btu/hr)	Fluxo de calor (Btu/hr)
K-100	27	7.07e+03	216.6			-1.11e+06	
	28			7.07e+03	216.6		-1.12e+06

					- 8.62e+0 4	
	q_e						
TOTAL		7.07e+ 03	216.6	7.07e+ 03	216.6	- 1.12e+0 7	- 1.12e+0 7

5.2.3 Balanço de massa e energia do ORC

O balanço de massa e energia foi efectuado em todos os componentes do ORC. Seguem-se as tabelas que incluem o balanço de massa e energia do ORC.

1. Bomba

Quadro 5.9 Balanço material de P ump

	Fluxo	BALANÇO DE MASSA				BALANÇO ENERGÉTICO	
		Entrada		Saída		Entrada	Saída
		Fluxo s de mass a (lb/hr)	Flux os mola res lbmol/ h	Fluxo s de mass a (lb/hr)	Fluxo s molar es lbmol/ h	Fluxo de calor (Btu/hr)	Fluxo de calor (Btu/hr)
Bom ba 1	1a	5.15e+ 02	1.71			- 3.31e+ 5	
	2a			5.15e+ 02	1.71		- 3.31e+0 5
	P_1					14.37	
Bom ba 2	1b	5.39e+ 02	1.78			- 3.17e+0 5	
	2b			5.39e+ 02	1.78		- 3.17e+0 5
	P_2					14.37	

Bomba 3	1c	5.71e+02	1.89			-3.51e+05	
	2c			5.71e+02	1.89		-3.51e+05
	P_3					15.23	
Bomba 4	1d	4.79e+02	1.58			-2.94e+05	
	2d			4.79e+02	1.58		-2.94e+05
	P_4					12.77	
Bomba 5	1e	2.64e+03	8.75			-1.62e+06	
	2e			2.64e+03	8.75		-1.62e+06
	P_5					234.6	

Bomba 6	1f	2.02e+02	0.67			-1.24e+05	
	2f			2.02e+02	0.67		-1.24e+05
	P_6					5.397	
Bomba 7	1g	1.26e+02	0.42			-7.79e+04	

	Fluxo	Fluxo de massa (lb/hr)	Fluxo molar lbmol/h	Fluxo de massa (lb/hr)	Fluxo molar lbmol/hr	Fluxo de calor (Btu/hr)	Fluxo de calor (Btu/hr)
	$2g$			1.26e+02	0.42		-7.79e+04
	P_7					3.378	
Bomba 8	1h	29.45	0.09			-1.81e+04	
	2h			29.45	0.09		-1.81e+04
	P_8					0.7850	

Bomba (continuar)

	Fluxo						
TOTAL		5.10e+03	16.89	5.10e+03	16.89	-3.13e+06	-3.13e+06

2-Trocador de calor

Tabela 5.10 Balanço material do permutador de calor

	Fluxo	BALANÇO DE MASSA				BALANÇO ENERGÉTICO	
		Entrada		Saída		Entrada	Saída
		Fluxos de massa (lb/hr)	Fluxos molares lbmol/h	Fluxos de massa (lb/hr)	Fluxos molares lbmol/r	Fluxo de calor (Btu/hr)	Fluxo de calor (Btu/hr)
E-100	2a,3a	1.39e+03	29.78			-1.24e+06	
	4a,5a			1.39e+03	29.78		-1.24e+06

E-101	2b,3b	1.53e+03	33.36			-1.38e+06	
	4b,5b			1.53e+03	33.36		-1.38e+006
E-102	2c,3c	1.67e+03	36.98			-1.52e+06	
	4c,5c			1.67e+03	36.98		-1.23e+06
E-103	2d,3d	1.36e+03	29.65			-1.23e+06	
	4d,5d			1.36e+03	29.65		-1.23e+006
E-104	2e,3e	4.40e+03	64.90			-3.13e+06	
	4e,5e			4.40e+03	64.902		-3.13e+006
E-105	2f,3f	9.74e+02	25.23			-9.70e+05	
	4f,5f			9.74e+02	25.23		-9.70e+005
E-106	2g,3g	9.42e+02	26.39			-9.82e+05	
	4g,5g			9.42e+02	26.39		-9.82e+005
E-107	2h,3h	8.01e+02	24.65			-8.79e+05	

| | 4h,5h | | | 8.01e+02 | 24.65 | | -8.79e+005 |
| TOTAL | | 1.25e+04 | 270.94 | 1.25e+04 | 270.94 | -1.10e+07 | -1.10e+007 |

3-Turbina

Quadro 5.11 Balanço de materiais da turbina

| | Fluxo | BALANÇO DE MASSA | | | | BALANÇO ENERGÉTICO | |
| | | Entrada | | Saída | | Entrada | Saída |
		Fluxos de massa (lb/hr)	Fluxos molares lbmol/h	Fluxos de massa (lb/hr)	Fluxos molares lbmol/h	Fluxo de calor (Btu/hr)	Fluxo de calor (Btu/hr)
k-100	5a	8.81e+02	28.07			-9.95e+05	
	7a			8.81e+02	28.07		-1.09e+06
	p_1					1.02e+005	
k-101	5b	9.92e+02	31.58			-1.12e+06	
	7b			9.92e+02	31.58		-1.22e+06
	p_2					-1.02e+05	
k-102	5c	1.10e+03	35.09			-1.24e+06	
	7c			1.10e+03	35.09		-1.31e+06

	p$_3$					-6.82e+04	
k-103	5d	8.81e+02	28.07			-9.95e+05	
	7d			8.81e+02	28.07		-1.09e+06
	p$_4$					-1.02e+05	
k-104	5e	1.76e+03	56.15			-1.98e+06	
	7e			1.76e+03	56.15		-2.09e+06
	p$_5$					-1.02e+04	
k-105	5f	7.71e+02	24.56			-8.70e+05	
	7f			7.71e+02	24.56		-9.73e+05
	p$_6$					-1.02e+05	
k-106	5g	8.15e+02	25.97			-9.20e+05	
	7g			8.15e+02	25.97		-1.05e+06
	p$_7$					-1.36e+05	
k-107	5h	7.71e+02	24.56			-8.64e+05	
	7h			7.71e+02	24.56		-9.33e+05
	p$_8$					-6.82e+04	

TOTAL		7.97e+03	254.05	7.97e+03	254.05	-9.75e+06	-9.75e+06

4-Expansor

Quadro 5.12 Balanço material do expansor

	Fluxo	BALANÇO DE MASSA				BALANÇO ENERGÉTICO	
		Entrada		Saída		Entrada	Saída
		Fluxos de massa (lb/hr)	Fluxos molares lbmol/h	Fluxos de massa (lb/hr)	Fluxos molares lbmol/h	Fluxo de calor (Btu/hr)	Fluxo de calor (Btu/hr)
K-100	4a	5.15e+02	1.71			-2.53e+06	
	6a			5.15e+02	1.71		-2.53e+06
	p_1					830.3	
K-101	4b	5.39e+02	1.78			-2.64e+05	
	6b			5.39e+02	1.78		-2.65e+05
	p_2					867.5	
K-102	4c	5.71e+02	1.89			-2.77e+05	
	6c			5.71e+02	1.89		-2.77e+05
	p_3					928.4	
K-103	4d	4.79e+02	1.58			-2.35e+05	
	6d			4.79e+02	1.58		-2.35e+05
	p_4					771.0	

	Fluxo	Entrada Fluxos de massa (lb/hr)	Entrada Fluxos molares lbmol/h	Saída Fluxos de massa (lb/hr)	Saída Fluxos molares lbmol/h	Entrada Fluxo de calor (Btu/hr)	Saída Fluxo de calor (Btu/hr)
K-104	4e	2.64e+03	8.75			-1.14e+06	
	6e			2.64e+03	8.75		-1.16e+06
	p_5					1.82e+04	
K-105	4f	2.02e+02	0.67			-9.93e+04	
	6f			2.02e+02	0.67		-9.96e+04
	p_6					325.9	
K-106	4g	1.26e+02	0.42			-6.21e+04	
	6g			1.26e+02	0.42		-6.23e+04
	p_7					204.0	
K-107	4h	29.45				-1.44e+04	
	6h		0.09	29.45	0.09		-1.48e+04
	p_8					341.2	
TOTAL		5.09e+03	16.89	5.09e+03	16.89	-4.64e+06	-4.64e+06

5-Refrigerador

Quadro 5.13 Balanço de materiais do arrefecedor

	Fluxo	BALANÇO DE MASSA				BALANÇO ENERGÉTICO	
		Entrada		Saída		Entrada	Saída
		Fluxos de massa (lb/hr)	Fluxos molares lbmol/h	Fluxos de massa (lb/hr)	Fluxos molares lbmol/h	Fluxo de calor (Btu/hr)	Fluxo de calor (Btu/hr)

Arrefecedor 1	6a	5.15e+02	1.71			-2.54e+05	
	1a			5.15e+02	1.710		-3.17e+05
	q_{c1}					-6.34e+04	
Arrefecedor 2	6b	5.39e+02	1.78			-2.65e+05	
	1b			5.39e+02	1.786		-3.31e+05
	q_{c2}					-6.63e+04	
Arrefecedor 3	6c	5.71e+02	1.89			-2.77e+05	
	1c			5.71e+02	1.894		-3.51e+05
	q_{c3}					-7.37e+04	
Arrefecedor 4	6d	4.79e+02	1.58			-2.35e+05	
	1d						-2.94e+05
	q_{c4}			4.79e+02	1.588	-5.89e+04	
Arrefecedor 5	6e	2.64e+03	8.75			-1.16e+06	
	1e			2.64e+03	8.752		-1.62e+06
	q_{c5}					-4.62e+05	
Arrefecedor 6	6f	2.02e+02	0.67			-9.96e+04	

	Fluxo	Entrada Fluxos de massa (lb/hr)	Entrada Fluxos molares lbmol/hr	Saída Fluxos de massa (lb/hr)	Saída Fluxos molares lbmol/h	Entrada Fluxo de calor (Btu/hr)	Saída Fluxo de calor (Btu/hr)
	1f			2.02e+02	0.6710		-1.24e+05
	q_{c6}					-2.49e+04	
Refrigerador 7	6g	1.26e+02	0.42			-6.23e+04	
	1g			1.26e+02	0.4200		-7.79e+04
	q_{c7}					-1.55e+04	
Arrefecedor 8	6h	29.45	0.09			-1.48e+04	
	1h			29.45	0.097		-1.81e+04
	q_{c8}					-3304	
TOTAL		5.09e+03	16.89	5.09e+03	16.89	-3.13e+06	-3.13e+06

6-Aquecedor

	Fluxo	BALANÇO DE MASSA				BALANÇO ENERGÉTICO	
		Entrada		Saída		Entrada	Saída
		Fluxos de massa (lb/hr)	Fluxos molares lbmol/hr	Fluxos de massa (lb/hr)	Fluxos molares lbmol/h	Fluxo de calor (Btu/hr)	Fluxo de calor (Btu/hr)
E-110	F_1	8.18e+02	28.07			-9.63e+05	
	3a			8.18e+02	28.07		-9.30e+05

	q_{H1}					3.26e+04	
E-111	F_2	9.91e+02	31.58			-1.14e+06	
	3b			9.91e+02	31.58		-1.05e+06
	q_{H2}					9.44e+04	
E-112	F_3	1.10e+03	35.09			-1.27e+06	
	3c			1.10e+03	35.09		-1.16e+06
	q_{H3}					1.04e+05	
E-113	F_4	8.81e+02	28.07			-9.63e+05	
	3d			8.81e+02	28.07		-9.35e+05
	q_{H4}					2.79e+04	
E-114	F_5	8.37e+02	26.67			-9.54e+05	
	3e			8.37e+02	26.67		-9.17e+05
	q_{H5}					3.71e+04	
E-115	F_6	7.71e+02	24.56			-8.79e+05	
	3f			7.71e+02	24.56		-8.45e+05
	q_{H6}					3.39e+04	
E-116	F_7	8.15e+02	25.97			-9.42e+05	

	3g			8.15e+02	25.97		-9.04e+05
	q_{H7}					3.82e+004	
E-117	F_8	7.71e+02	24.56			-8.92e+05	
	3h			7.71e+02	24.56		-8.61e+05
	q_{H8}					3.06e+04	
TOTAL		**7.04e+03**	**224.57**	**7.04e+03**	**224.57**	**-7.60e+06**	**-7.60e+06**

Quadro 5.14 Balanço material do aquecedor

## Capítulo 6

Conceção do equipamento

6.1 Introdução

O projeto de equipamentos é uma tarefa rigorosa que implica uma análise, avaliação, implementação e desenvolvimento exaustivos. Para a conceção dos equipamentos utilizados na recuperação de calor residual, tem sido utilizada uma série de etapas ou metodologias pré-definidas, sendo possível que a escolha de equipamentos com base em técnicas de dimensionamento resulte na escolha do processo da melhor forma possível. Uma vez que, experimentalmente, correlaciona o equipamento do processo

1.   Permutador de calor de casco e tubo
2.   Bomba
3.   Refrigerador
4.   Turbina

6.2 Conceção do equipamento

6.2.1 Bomba

Uma bomba é um dispositivo mecânico utilizado para transportar fluidos (líquidos ou gases) de um local para outro, aumentando a pressão ou a energia cinética do fluido. Num sistema ORC, é utilizada uma bomba para fazer circular o fluido de trabalho através do ciclo. A bomba está normalmente localizada entre o condensador e o evaporador, e a sua principal função é aumentar a pressão do fluido de trabalho para que este possa ser fornecido ao evaporador a uma temperatura mais elevada

.

Figura 6.1 Bomba

Os dois principais tipos de bombas são

1. Bomba centrífuga
2. Bomba de deslocamento positivo

Estes dois tipos de bombas diferem nos seus princípios de funcionamento, caraterísticas de caudal, capacidades de pressão e adequação a diferentes aplicações.

Critérios de seleção da bomba

Ao selecionar uma bomba para uma determinada aplicação, devem ser considerados os seguintes factores:

- O tipo de líquido que vai ser bombeado
- A capacidade necessária (caudal volúmico)
- O estado da sucção da bomba (lado da entrada)
- O estado da descarga da bomba (lado da saída)
- A altura total da bomba (o termo ha da equação da energia)
- O sistema de distribuição de fluidos ao qual a bomba está ligada
- condicionalismos físicos como o espaço, o peso e a posição
- custo de aquisição e instalação de uma bomba
- Custo de manutenção da bomba
- O LCC total do sistema de bombagem

Cálculos para o projeto de bombas

Tipo de bomba: Bomba centrífuga

Quadro 6.1 Dados da bomba

Parâmetros	Valores
Pressão de entrada(P_1)	$50\ kPa$
Pressão de saída(P_2)	$80\ kPa$
Densidade(ρ)	$645.3\ kg/m^3$
gravidade(g)	$9.8\ m/s^2$
Caudal(Q)	$0.401\ m^3/hr$
Eficiência(η)	75%
viscosidade(μ)	$0.143\ cP$

Cálculo da área

A área é calculada primeiro

$$A = \frac{\pi}{4}D^2$$

$$A = \frac{\pi}{4}(0.05)^2$$

$$A = 0.00196 m^2$$

Cálculo da velocidade

Cálculo da velocidade através do caudal e da área

$$Q = 0.401\ \frac{m^3}{hr} = 0.00011\ \frac{m^3}{sec}$$

$$v = \frac{Q}{A}$$

$$v = \frac{0.00011}{0.00196}$$

$$v = 0.05\ \frac{m}{sec}$$

Cálculo da perda de carga

Os valores de K são calculados através da incorporação das perdas à entrada e à saída da bomba

$$\Sigma K = K_{entry} + K_{exit}$$

$$\Sigma K = 1.5$$

$$H_f = \left(\frac{v^2}{2g}\right) \times \Sigma K$$

$$H_f = \left(\frac{(0.05)^2}{2 \times 9.8}\right) \times 1.5$$

$$H_f = 1.60 \times 10^{-4}\, m$$

Cálculo da altura total

$$\frac{P_1}{\rho g} + \frac{v_1^2}{2g} + H_{pump} = \frac{P_2}{\rho g} + \frac{v_2^2}{2g} + H_f$$

$$\frac{40 \times 10^3}{653.7 \times 9.8} + H_{pump} = \frac{70 \times 10^3}{653.7 \times 9.8} + 0.0078$$

$$\frac{50 \times 10^3}{645.3 \times 9.8} + H_{pump} = \frac{80 \times 10^3}{645.3 \times 9.8} + 0.000160$$

$$H_{pump} = 4.744\, m$$

Cálculo da potência

$$Power = Q \times \rho \times g \times H_{pump}$$

$$Power = 0.00011 \times 645.3 \times 9.8 \times 4.744$$

$$Power = 0.0033 \, kW \quad (at \, 100\% \, efficiency)$$

At $\eta = 75\%$

$$Power = \frac{0.0033}{0.75}$$

$$Power = 4.440 \times 10^{-3} \, KW$$

Tabela 6.2 Valores calculados e Hysys

Parâmetros	Valores HYSYS	Valores calculados	Erro relativo %
Altura total (m)	4.741	4.744	0.06
Potência (KW)	0.00446	0.00444	0.4

6.2.2 Arrefecedor

Um refrigerador é um dispositivo ou equipamento utilizado para baixar a temperatura de um fluido ou de um fluxo de processo. É um componente essencial em muitos processos industriais em que é necessário remover o calor ou controlar a temperatura.

Num ciclo orgânico de Rankine (ORC), é utilizado um arrefecedor para arrefecer o fluido de trabalho depois de este ter passado pela turbina. O objetivo do arrefecedor é converter o vapor quente num estado líquido.

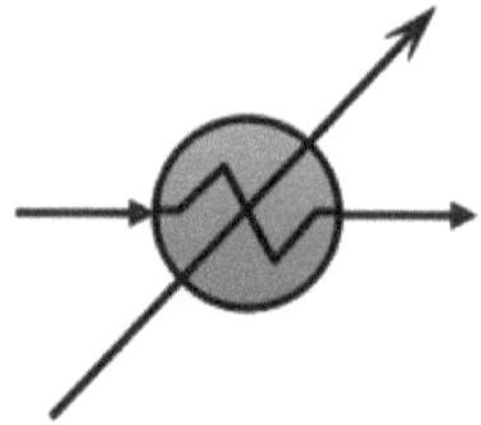

Figura 6.2 Arrefecedor

DADOS

Tabela 6.3 Dados de entrada

Parâmetros	Valores
Fluxo de massa(m)	$259.2\ kg/h$
Temperatura de entrada(T_1)	343.4°C
Temperatura de saída (T_2)	310°C
Entalpia Em(h_1)	$-1131\ kJ/kg$
Entalpia de saída(h_2)	$-1431\ kJ/kg$

Cálculo do direito

$$Q = m\Delta h$$

$$Q = 259.2 \times \big(-1131 - (1431)\big)$$

$$Q = 7.776 \times 10^4\ kJ/h$$

Tabela 6.4 Valores calculados e Hysys

Parâmetros	Valores HYSYS	Valores calculados	Erro relativo %
Dever(kJ/h)	7.777×10^4	7.776×10^4	0.012

6.2.3 Permutador de calor

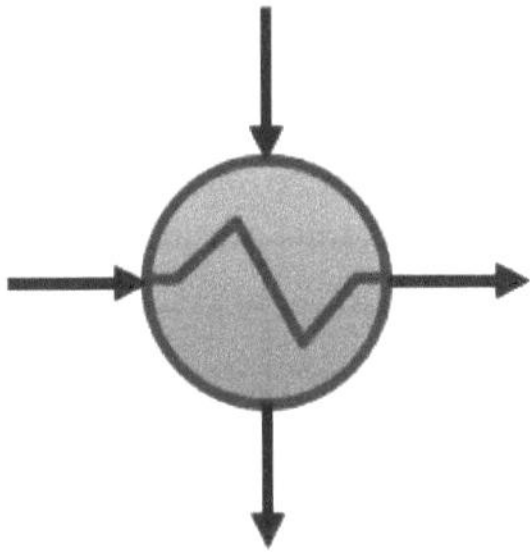

Figura 6.3 Permutador de calor

Um permutador de calor é um dispositivo de transferência de calor que é utilizado a diferentes temperaturas para transferir energia térmica interna entre dois ou mais fluidos disponíveis. Na maioria dos permutadores, os fluidos são separados numa superfície de transferência de calor e, de preferência, não interagem entre si.

- Trocadores de calor de casco e tubo
- Permutadores de calor de placas
- Trocadores de calor de tubo aletado
- Permutadores de calor de tubo duplo

Aqui, o permutador de calor de casco e tubo é escolhido para a transferência de calor numa área alargada, podendo ser de uma ou mais passagens, dependendo do requisito.

DADOS

Dados do lado da casca

Tabela 6.4 Dados do lado do casco do permutador de calor

Parâmetros	Valores
Caudal de massa	$777 lb/hr$
Temperatura de entrada	689°F
Temperatura de saída	613.73°F
Capacidade térmica específica	$0.7144 \, BTU/lb \, °F$
K	$0.048 \, BTU/ft \, hr \, °F$
Densidade	$0.003 \, lb/ft^3$

Viscosidade	$0.022\ cp$

Dados do lado do tubo

Tabela 6.5 Dados do lado do tubo do permutador de calor

Parâmetros	Valores
Caudal de massa	$6098\ lb/hr$
Temperatura de entrada	599.78°F
Temperatura de saída	609.57°F
Capacidade térmica específica	$0.7005\ BTU/lb\ °F$
K	$0.071\ BTU/ft\ hr\ °F$
Densidade	$42.2\ lb/ft^3$
Viscosidade	$0.40\ cp$

Especificações do permutador de calor

Tabela 6.6 Especificações do permutador de calor

Parâmetros	Valores
Corte do deflector	40%
Espaçamento do deflector	$12\ inch$
ID da concha	$25\ inch$
ID do tubo	$0.584\ inch$
Diâmetro externo do tubo	$0.75\ inch$
Passo do tubo	$0.9375\ inch$
Comprimento do tubo	$96\ inch$
Número de tubos	506
Número de passagens do tubo	2

1-Equilíbrio térmico

$$Q = mC_P\Delta T$$

Lado do casco (gases de combustão)

$$Q = 777 \times 0.714 \times (689 - 613.73) = 41781.5\ Btu/hr$$

Lado do tubo (óleo quente)

$$Q = 6098 \times 0.69 \times (599.78 - 609.57) = 41822.4\ Btu/hr$$

2-LMTD

$$LMTD = \frac{(T_1 - t_2) - (T_2 - t_1)}{\ln\left(\frac{(T_1 - t_2)}{(T_2 - t_1)}\right)}$$

$$LMTD = \frac{(689 - 609.57) - (613.73 - 599.78)}{\ln\left(\frac{(689 - 609.57)}{(613.73 - 599.78)}\right)} = 37.64\,°\mathrm{F}$$

$$R = \frac{T_1 - T_2}{t_2 - t_1} = \frac{689 - 613.73}{609.57 - 599.78} = 7.6$$

$$S = \frac{t_2 - t_1}{T_1 - t_1} = \frac{609.57 - 599.78}{689 - 599.78} = 0.10$$

$$\Delta t = LMTD \times F_T$$

F_T **(Da Fig. 18 kern)**

$$\Delta t = 37.64 \times 0.9 = 33.8°\mathrm{F}$$

Para o lado do reservatório (fluido quente, gases de combustão)

3 - Área de fluxo

$$C'' = P_T - OD$$

$$C'' = 0.9375 - 0.75 = 0.1875\ inch$$

$$a_s = \frac{ID \times C''B}{144 P_T} = \frac{25 \times 0.1875 \times 12}{144 \times 0.9375} = 0.416 ft^2$$

Velocidade de 4 massas

$$G = \frac{W}{a_s}$$

$$G = \frac{777}{0.416} = 1867.7 \; lb/hr \, ft^2$$

5- Número de Reynolds

$$\mu = 0.0203 \times 2.42 = 0.0491 \; lb/ft \, hr$$

$$D_{eq} = \frac{0.55 in}{12} = 0.045 ft$$

$$Re_s = \frac{D_{eq} G}{\mu} = \frac{0.045 \times 1867.7}{0.0491} = 1711$$

$$j_H = 22 \qquad \textbf{(Fig. 28 kern)}$$

Número de 6-Prandtl

$$k = 0.0491 \; Btu/hr \, F \, ft$$

$$c = 0.714 \; Btu/ \, lb \; °F$$

$$\left(\frac{c\mu}{k}\right)^{\frac{1}{3}} = \left(\frac{0.7 \times 0.0491}{0.048}\right)^{\frac{1}{3}} = 0.89$$

7-Coeficiente corregido

$$h_o = j_H \times \frac{k}{D_{eq}} \times \left(\frac{c\mu}{k}\right)^{\frac{1}{3}}$$

$$h_o = 22 \times \frac{0.048}{0.045} \times 0.89 = 20.88 \; Btu/hr \, ft^2 \; °F$$

Para o lado do tubo (fluido frio, óleo quente)

3 - Área de fluxo

$$a_t' = 0.268 \; in^2 \qquad \text{(Quadro 10 kern)}$$

$$a_t = \frac{N_t \times a_t'}{144 \times n}$$

$$a_t = \frac{506 \times 0.268}{144 \times 2} = 0.407 \; ft^2$$

Velocidade de 4 massas

$$G_t = \frac{w}{a_t}$$

$$G_t = \frac{6098}{0.407}$$

$$G_t = 12974 \; \frac{lb}{ft^2 \, hr}$$

5-Reynolds Número

$$Re = \frac{D_e \times G_t}{\mu}$$

$$\mu = 0.40 \times 2.42 = 0.975 \; lb/ft \, hr$$

$$D_{eq} = \frac{0.584 in}{12} = 0.048 ft$$

$$Re = \frac{0.048 \times 12974}{0.975} = 638.7$$

$$\frac{L}{D} = \frac{96}{0.584} = 164.3$$

$$j_H = 4 \ \text{(Fig. 24 kern)}$$

Número de 6-Prandtl

$$k = 0.071 \ Btu/hr \ ^\circ F \ ft$$

$$c = 0.69 \ Btu/ \ lb \ ^\circ F$$

$$\left(\frac{c\mu}{k}\right)^{\frac{1}{3}} = \left(\frac{0.69 \times 0.975}{0.071}\right)^{\frac{1}{3}} = 2.11$$

7-Coeficiente corrigido

$$h_i = j_H \times \frac{k}{D} \times \left(\frac{c\mu}{k}\right)^{\frac{1}{3}}$$

$$h_i = 4 \times \frac{0.071}{0.048} \times 2.11 = 12.52 \ Btu/ \ hr \ ft^2 {}^\circ F$$

$$h_{io} = h_o \times \frac{ID}{OD}$$

$$h_{io} = 12.52 \times \frac{0.048}{0.75} = 9.74 \ Btu/hr \ ft^2 {}^\circ F$$

8-Coeficiente global de limpeza

$$U_c = \frac{h_{io} h_o}{h_{io} + h_o}$$

$$U_c = \frac{20.88 \times 9.74}{20.88 + 9.74}$$

$$U_c = \frac{20.88 \times 9.74}{20.88 + 9.74} = 6.6 \; Btu/hr \; ft^2\,{}^\circ\mathrm{F}$$

9-Coeficiente global de projeto

$$a'' = 0.1963 ft^2/1in \; ft \quad \text{(Quadro 10 kern)}$$

$$A = 506 \times 8 \times 0.1963 = 794.6 \; ft^2$$

$$U_D = \frac{Q}{A\Delta t}$$

$$U_D = \frac{41781.5}{794.6 \times 33.8} = 1.57 \; Btu/hr \; ft^2\,{}^\circ\mathrm{F}$$

Fator 10-Sujidade

$$R_d = \frac{U_C - U_D}{U_C \times U_D}$$

$$R_d = \frac{6.6 - 1.57}{6.6 \times 1.57} = 0.485 \; hr \; ft^2\,{}^\circ\mathrm{F}/Btu$$

11- Queda de pressão

No lado da casca

Para $Re_s = 1711$

$$f = 0.05 \; ft^2/in^2 \quad \text{(figura 4)}$$

$$s = 0.28$$

N.º de cruzes, $N + 1 = 12\frac{L}{B} = 12\frac{8}{12} = 8$

$$\Delta P_s = \frac{f \times G^2 \times D_s \times (N + 1)}{5.22 \times 10^{10} \times D_e \times s}$$

$$\Delta P_s = \frac{0.05 \times (1867)^2 \times 2.083 \times 8}{5.22 \times 10^{10} \times 0.045 \times 0.28}$$

$$\Delta P_s = 0.0041\, psi$$

No lado do tubo

Para $Re_t = 638$

$f = 0.0009\, ft^2/in^2$ (Figura 26 kern)

$s = 0.68$

$$\Delta P_t = \frac{f \times G^2 \times L \times N}{5.22 \times 10^{10} \times D \times \emptyset \times s}$$

$$\Delta P_t = \frac{0.0009 \times (12974.4) \times 96 \times 2}{5.22 \times 10^{10} \times 0.048 \times 0.68} = 0.0170\, psi$$

$$\Delta P_r = \frac{4n}{s} \times \frac{v^2}{2g}$$

$$\Delta P_r = \frac{4 \times 2}{0.68} \times 0.45 = 5.29\, psi$$

$$\Delta P = \Delta P_r + \Delta P_t = 5.31\, psi$$

6.2.4 Permutador de calor de óleo quente (Folha TEMA)

TEMA Sheet

Heat Exchanger Specification Sheet

#				Shell Side		Tube Side	
1	Company:						
2	Location:						
3	Service of Unit:	Our Reference:					
4	Item No.:	Your Reference:					
5	Date:	Rev No.:	Job No.:				
6	Size: 25 - 96 in	Type: BEM Horizontal		Connected in: 1 parallel		1 series	
7	Surf/unit(eff.) 770 ft²	Shells/unit 1		Surf/shell(eff.)		770 ft²	
8	PERFORMANCE OF ONE UNIT						
9	Fluid allocation			Shell Side		Tube Side	
10	Fluid name			condensate stabilizer over head compress		s 7	
11	Fluid quantity, Total		lb/h	777		6098	
12	Vapor (In/Out)		lb/h	777	777	0	0
13	Liquid		lb/h	0	0	6098	6098
14	Noncondensable		lb/h	0	0	0	0
15							
16	Temperature (In/Out)		°F	689	613.73	599.78	609.57
17	Bubble / Dew point		°F	/	/	/	/
18	Density Vapor/Liquid		lb/ft³	0.021 /	0.023 /	/ 42.375	/ 42.159
19	Viscosity		cp	0.0208 /	0.0198 /	/ 0.413	/ 0.3938
20	Molecular wt, Vap			17.13	17.13		
21	Molecular wt, NC						
22	Specific heat		BTU/(lb-F)	0.7301 /	0.6987 /	/ 0.6988	/ 0.7023
23	Thermal conductivity		BTU/(ft-h-F)	0.05 /	0.046 /	/ 0.071	/ 0.071
24	Latent heat		BTU/lb				
25	Pressure (abs)		psi	15.47	15.24	5.08	4.97
26	Velocity (Mean/Max)		ft/s	9.53 / 10.67		0.09 / 0.09	
27	Pressure drop, allow./calc.		psi	1.5	0.03	1	0.11
28	Fouling resistance (min)		ft²-h-F/BTU	0.0005		0.0005	0.0006 Ao based
29	Heat exchanged 41812		BTU/h			MTD (corrected) 33.87	°F
30	Transfer rate, Service 1.6			Dirty 6.02		Clean 6.06	BTU/(h-ft²-F)
31	CONSTRUCTION OF ONE SHELL					Sketch	
32				Shell Side		Tube Side	
33	Design/Vacuum/test pressure	psi		50 / /		50 / /	
34	Design temperature / MDMT	°F		760 /		680 /	
35	Number passes per shell			1		2	
36	Corrosion allowance	in		0.125		0.125	
37	Connections In	in		1 3.068 / -		1 1.38 / -	
38	Size/Rating Out			1 3.548 / -		1 1.38 / -	
39	ID Intermediate			/ -		/ -	
40	Tube #: 506 OD: 0.75 Tks. Average 0.083 in Length: 8 ft Pitch: 0.9375 in Tube pattern:30						
41	Tube type: Plain Insert:None Fin#: #/in Material:Carbon Steel						
42	Shell Carbon Steel ID 25 OD 25.75 in				Shell cover	-	
43	Channel or bonnet Carbon Steel				Channel cover	-	
44	Tubesheet-stationary Carbon Steel -				Tubesheet-floating	-	
45	Floating head cover -				Impingement protection	None	
46	Baffle-cross Carbon Steel Type Single segmental Cut(%d) 40.5					Horiz spacing: c/c 12	in
47	Baffle-long - Seal Type					Inlet 10.875	in
48	Supports-tube U-bend 0				Type		
49	Bypass seal Tube-tubesheet joint Expanded only (2 grooves)(App.A T)						
50	Expansion joint - Type None						
51	RhoV2-Inlet nozzle 823 Bundle entrance 60 Bundle exit 1						lb/(ft-s²)
52	Gaskets - Shell side - Tube side Flat Metal Jacket Fibe						
53	Floating head -						
54	Code requirements ASME Code Sec VIII Div 1 TEMA class R - refinery service						
55	Weight/Shell 4310.7 Filled with water 6012.2 Bundle 2784.8 lb						
56	Remarks						
57							
58							

6.2.5 Permutador de calor para produção de vapor (folha TEMA)

TEMA Sheet

Heat Exchanger Specification Sheet

#					Shell Side		Tube Side	
1	Company:							
2	Location:							
3	Service of Unit:		Our Reference:					
4	Item No.:		Your Reference:					
5	Date:	Rev No.:	Job No.:					
6	Size: 25 - 96	in	Type: BEM	Horizontal		Connected in: 1 parallel	1 series	
7	Surf/unit(eff.)	770	ft²	Shells/unit 1		Surf/shell(eff.)	770	ft²
8				PERFORMANCE OF ONE UNIT				
9	Fluid allocation				Shell Side		Tube Side	
10	Fluid name				central end compressor->hot gases 6		steam 5->steam 6	
11	Fluid quantity, Total		lb/h		661		10522	
12	Vapor (In/Out)		lb/h	661		661	0	0
13	Liquid		lb/h	0		0	10522	10522
14	Noncondensable		lb/h	0		0	0	0
15								
16	Temperature (In/Out)		°F	741		193.68	167.59	175.91
17	Bubble / Dew point		°F	/		/	/	/
18	Density Vapor/Liquid		lb/ft³	0.002 /		0.003 /	/ 60.443	/ 60.21
19	Viscosity		cp	0.0326 /		0.0208 /	/ 0.3727	/ 0.3512
20	Molecular wt, Vap			33.54		33.54		
21	Molecular wt, NC							
22	Specific heat		BTU/(lb-F)	0.264 /		0.2374 /	/ 1.0388	/ 1.0406
23	Thermal conductivity		BTU/(ft-h-F)	0.027 /		0.016 /	/ 0.385	/ 0.387
24	Latent heat		BTU/lb					
25	Pressure (abs)		psi	0.65		0.53	15.23	13.95
26	Velocity (Mean/Max)		ft/s			8.78 / 11.14	0.1 / 0.11	
27	Pressure drop, allow./calc.		psi	0.3		0.12	3	1.28
28	Fouling resistance (min)		ft²-h-F/BTU		0.0005		0.0005	0.0006 Ao based
29	Heat exchanged	90956	BTU/h			MTD (corrected)	173.26	°F
30	Transfer rate, Service	0.68		Dirty 3.72		Clean 3.74		BTU/(h-ft²-F)

#				CONSTRUCTION OF ONE SHELL			Sketch
31							
32			Shell Side		Tube Side		
33	Design/Vacuum/test pressure	psi	50 /	/	50 /	/	
34	Design temperature / MDMT	°F	810	/	240	/	
35	Number passes per shell		1		2		
36	Corrosion allowance	in	0.125		0.125		
37	Connections In	in	1 7.981 /	-	1 1.049 /	-	
38	Size/Rating Out		1 7.981 /	-	1 0.742 /	-	
39	ID Intermediate		/	-	/	-	

#			
40	Tube #: 506 OD: 0.75 Tks. Average 0.083 in Length: 8 ft Pitch: 0.9375 in Tube pattern: 30		
41	Tube type: Plain Insert: None Fin#: #/in Material: Carbon Steel		
42	Shell Carbon Steel ID 25 OD 25.75 in	Shell cover	-
43	Channel or bonnet Carbon Steel	Channel cover	-
44	Tubesheet-stationary Carbon Steel -	Tubesheet-floating	-
45	Floating head cover -	Impingement protection	None
46	Baffle-cross Carbon Steel Type Single segmental Cut(%d) 37.26	Horiz Spacing: c/c 18	in
47	Baffle-long - Seal Type	Inlet 37.5	in
48	Supports-tube U-bend 0	Type	
49	Bypass seal Tube-tubesheet joint Expanded only (2 grooves)(App.A T)		
50	Expansion joint - Type None		
51	RhoV2-Inlet nozzle 165 Bundle entrance 14 Bundle exit 11		lb/(ft-s²)
52	Gaskets - Shell side - Tube side Flat Metal Jacket Fibe		
53	Floating head -		
54	Code requirements ASME Code Sec VIII Div 1 TEMA class R - refinery service		
55	Weight/Shell 4365.9 Filled with water 6064.8 Bundle 2791.4		lb
56	Remarks		
57			
58			

6.2.6 Permutador de calor de ORC (Folha TEMA)

TEMA Sheet

Heat Exchanger Specification Sheet

#										
1	Company:									
2	Location:									
3	Service of Unit:		Our Reference:							
4	Item No.:		Your Reference:							
5	Date:	Rev No.:	Job No.:							
6	Size: 31 - 120 in	Type: BFM Horizontal		Connected in: 1 parallel 1 series						
7	Surf/unit(eff.) 1158.9 ft²	Shells/unit 1		Surf/shell(eff.) 1158.9 ft²						
8	PERFORMANCE OF ONE UNIT									

#				Shell Side		Tube Side	
9	Fluid allocation			Shell Side		Tube Side	
10	Fluid name			1-2-2-2-2-→gas 5		pump 5-→exchanger 5 out	
11	Fluid quantity, Total		lb/h	838		223	
12	Vapor (In/Out)		lb/h	838	838	0	220
13	Liquid		lb/h	0	0	223	3
14	Noncondensable		lb/h	0	0	0	0
15							
16	Temperature (In/Out)		°F	741	615.23	590.03	645.94
17	Bubble / Dew point		°F	/	/	630.36 / 648.01	628.49 / 646.24
18	Density Vapor/Liquid		lb/ft³	0.002 /	0.001 /	/ 39.326	0.305 / 38.989
19	Viscosity		cp	0.0324 /	0.0299 /	/ 0.1668	0.0073 / 0.0999
20	Molecular wt, Vap			31.41	31.41		301.6
21	Molecular wt, NC						
22	Specific heat		BTU/(lb-F)	0.2657 /	0.2609 /	/ 0.7188	0.6644 / 0.7402
23	Thermal conductivity		BTU/(ft-h-F)	0.027 /	0.025 /	/ 0.052	0.016 / 0.05
24	Latent heat		BTU/lb			86.2	85.5
25	Pressure (abs)		psi	0.65	0.29	11.6	11.36
26	Velocity (Mean/Max)		ft/s	3.94 / 4.06		0.12 / 0.23	
27	Pressure drop, allow./calc.		psi	0.88	0.17	2.25	0.25
28	Fouling resistance (min)		ft²-h-F/BTU	0.0005		0.0005	0.0006 Ao based
29	Heat exchanged 27790 BTU/h					MTD (corrected) 33.76	°F
30	Transfer rate, Service 0.71			Dirty 3.58		Clean 3.6	BTU/(h-ft²-F)

#	CONSTRUCTION OF ONE SHELL				Sketch
31	CONSTRUCTION OF ONE SHELL				Sketch
32			Shell Side	Tube Side	
33	Design/Vacuum/test pressure	psi	50 / /	50 / /	
34	Design temperature / MDMT	°F	810 /	710 /	
35	Number passes per shell		2	2	
36	Corrosion allowance	in	0.125	0.125	
37	Connections	In	in 1 7.981 / -	1 0.546 / -	
38	Size/Rating	Out	1 7.981 / -	1 0.546 / -	
39	ID	Intermediate	/ -	/ -	
40	Tube #: 454 OD: 1 Tks. Average 0.083 in Length: 10 ft Pitch: 1.25 in Tube pattern:30				
41	Tube type: Plain Insert:None Fins: #/in Material:Carbon Steel				
42	Shell Carbon Steel ID 31 OD 31.875 in			Shell cover -	
43	Channel or bonnet Carbon Steel			Channel cover -	
44	Tubesheet-stationary Carbon Steel -			Tubesheet-floating -	
45	Floating head cover -			Impingement protection None	
46	Baffle-cross Carbon Steel Type Single segmental Cut(%d) 36.03			Vert Spacing: c/c 20.25 in	
47	Baffle-long Carbon Steel Seal Type			Inlet 36.375 in	
48	Supports-tube U-bend 0			Type	
49	Bypass seal Tube-tubesheet joint Expanded only (2 grooves)(App.A T)				
50	Expansion joint - Type None				
51	RhoV2-inlet nozzle 283 Bundle entrance 17 Bundle exit 43 lb/(ft-s²)				
52	Gaskets - Shell side - Tube side Flat Metal Jacket Fibe				
53	Floating head -				
54	Code requirements ASME Code Sec VIII Div 1 TEMA class R - refinery service				
55	Weight/Shell 7197.1 Filled with water 10484 Bundle 4531.4 lb				
56	Remarks				
57					
58					

6.3 Diagrama de instrumentação do processo

6.3.1 Processo e diagrama instrumental do óleo quente

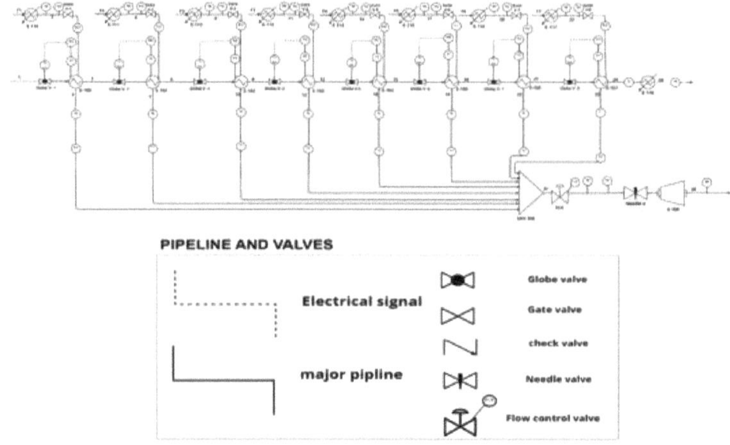

Figura 6.4 P&ID de óleo quente

6.3.2 Processo e diagrama instrumental da produção de vapor

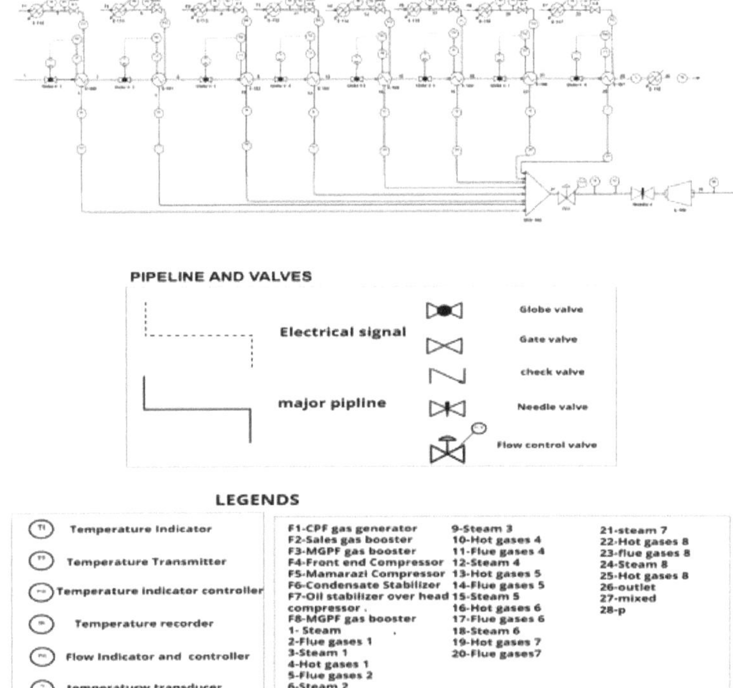

PIPELINE AND VALVES

Electrical signal

major pipline

Globe valve

Gate valve

check valve

Needle valve

Flow control valve

LEGENDS

Temperature Indicator

Temperature Transmitter

Temperature indicator controller

Temperature recorder

Flow Indicator and controller

temperaturw transducer

F1-CPF gas generator
F2-Sales gas booster
F3-MGPF gas booster
F4-Front end Compressor
F5-Mamarazi Compressor
F6-Condensate Stabilizer
F7-Oil stabilizer over head compressor .
F8-MGPF gas booster
1- Steam
2-Flue gases 1
3-Steam 1
4-Hot gases 1
5-Flue gases 2
6-Steam 2
7-Hot gases 2

9-Steam 3
10-Hot gases 4
11-Flue gases 4
12-Steam 4
13-Hot gases 5
14-Flue gases 5
15-Steam 5
16-Hot gases 6
17-Flue gases 6
18-Steam 6
19-Hot gases 7
20-Flue gases7

21-steam 7
22-Hot gases 8
23-flue gases 8
24-Steam 8
25-Hot gases 8
26-outlet
27-mixed
28-p

Figura 6.5 P&ID da produção de vapor

6.3.3 Diagrama de processo e instrumental do ORC

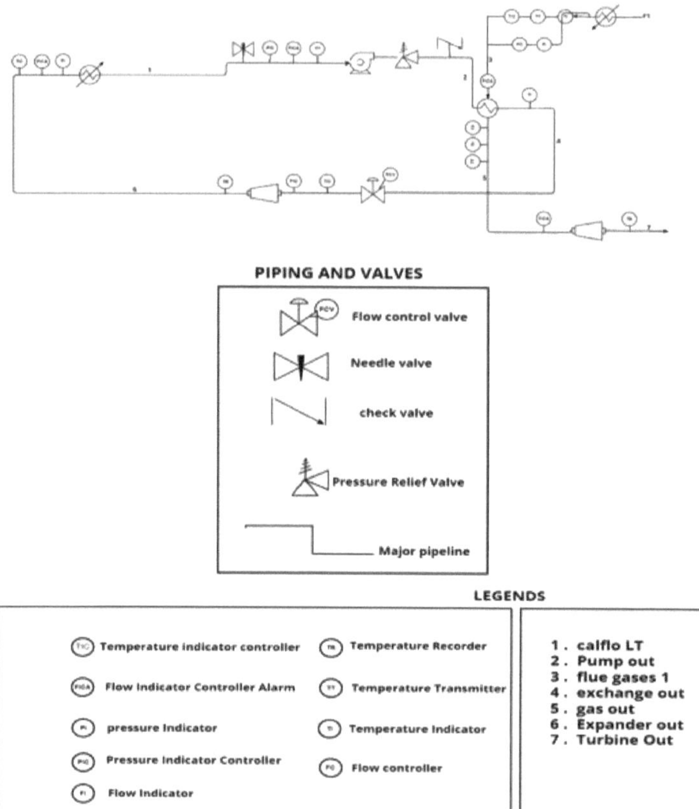

Figura 6.6 P&ID do ORC

6.4 HAZOP

A conceção e o funcionamento seguros do equipamento são de grande importância para todas as indústrias que têm a obrigação legal de salvaguardar a saúde dos seus trabalhadores. Uma operação segura também garante um desempenho eficiente do processo. A segurança na conceção do processo é considerada por

- Identificação do perigo

- Controlo do perigo

- Controlo do processo, ou seja, para evitar desvios perigosos através da alteração das variáveis do processo (pressão, caudal, temperatura)

- Limitação da perda

O estudo de perigos e operacionalidade (HAZOP) é uma das técnicas de avaliação de perigos utilizada para avaliar riscos inaceitáveis e definir a seleção de métodos para os controlar ou eliminar. A análise HAZOP utiliza sete palavras-guia seguidas de desvio, possíveis causas e consequências. (L.Kotek, 2012). No quadro seguinte, apresentam-se algumas terminologias básicas utilizadas no HAZOP.

Tabela 6.7 Terminologias básicas utilizadas no HAZOP

Palavras-guia	Significado
NÃO	Não ocorre nada (exemplo: não há fluxo)
MAIS	Aumento quantitativo (exemplo: pressão alta)
MENOS	Diminuição quantitativa (exemplo: baixa temperatura)
BEM COMO	Aumento qualitativo (exemplo: adição de uma impureza)
PARTE DE	Diminuição qualitativa (exemplo: apenas um componente de uma mistura de componentes binários)
REVERSO	Oposto (exemplo: refluxo)
OUTROS QUE	Substituição completa (exemplo: fluxo de material incorreto)

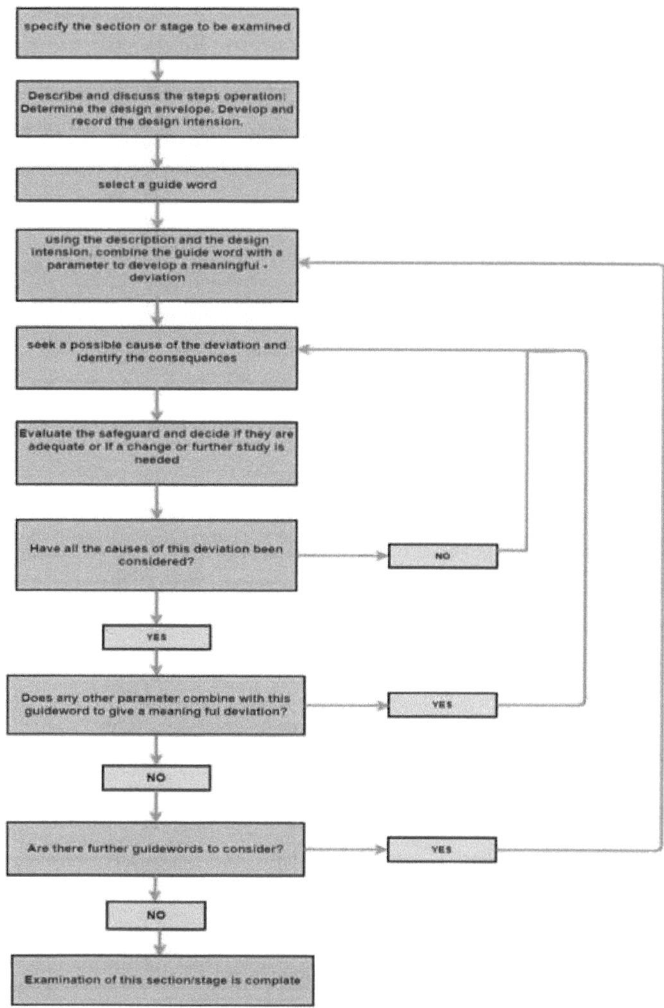

Figura 6.7 Metodologia Hazop

6.4.1 Bomba

Tabela 6.8 Hazop da bomba

Parâmetro	Palavras-guia	Desvios	Causas	Consequências	Acções
Pressão	Mais	Pressão Calflo LT elevada	• Avaria na válvula limitadora de pressão. • O bloqueio e a obstrução são sistemas.	A bomba pode não ser capaz de suportar a alta pressão gerada e pode rebentar. O sistema pode apresentar fugas.	Instalar o PIC e a manutençã o da válvula limitadora de pressão.
				Podem ocorrer fugas	Verificar constante mente a pressão da bomba
	Menos	Pressão baixa Calflo LT	A bomba não está a funcionar corretamente	A pressão de saída pretendida não é atingida.	Aumentar o caudal do fluxo de saída para gerar uma pressão elevada.
Fluxo	Não	Sem caudal na bomba	Bloqueio no tubo de entrada	A bomba pode danificar-se facilmente	Instalar constante mente o FICA e a entrada de fluxo

	Mais	Mais fluxo	Danos no controlador de caudal	Queda de pressão elevada. Pode ocorrer inversão do caudal	Substituir todas as válvulas danificadas Verificar o controlo da válvula de fluxo

6.4.1 Bomba (continuação)

Parâmetros	Palavras-guia	Desvios	Causas	Consequências	Acções
Temperatura	Mais	Temperatura elevada do calflo LT	Temperatura ambiente elevada.	Diminuição do desempenho da bomba e possíveis danos na bomba.	Monitorizar a temperatura do calflo LT
	Menos	Menor temperatura do calflo na bomba	Sistema mal concebido.	O fluido torna-se viscoso, o que pode levar a uma diminuição do desempenho da bomba.	O fluido de transferência de calor é mais adequado às condições de funciona

					mento do sistema.

6.4.2 Arrefecedor

Tabela 6.9 Hazop do refrigerador

Parâmetros	Palavras - guia	Desvios	Causas	Consequências	Acções
Serviço de arrefecimento	Menos	Menor capacidade de arrefecimento do arrefecedor	Baixo caudal de líquido de refrigeração	Os fluxos de processo sobreaquecem ou não são suficientemente arrefecidos.	Aumentar o caudal do líquido de refrigeração
			A temperatura de entrada do fluxo de refrigerante é demasiado elevada.		Instalar TIC.

		Baixa temperatura à entrada do refrigerador.	Caudal do líquido de refrigeração demasiado elevado devido à baixa temperatura de saída da turbina	Reação inibida devido à temperatura de funcionamento não atingida.	Instale o TIC e o transmissor de temperatura entre a entrada do arrefecedor e a saída da turbina.
Temperatura	Menos				
	Mais	Temperatura elevada no arrefecimento no fluxo	Temperatura de entrada do fluxo de refrigerante acima do ponto de regulação.	O produto não pode ser arrefecido à temperatura desejada.	Aumentar o serviço de arrefecimento através do aumento do caudal. Instalar o TIC e o transmissor de temperatura.

6.4.2 Arrefecedor (continuar)

Parâmetros	Palavras-guia	Desvios	Causas	Consequências	Acções

| Pressão | Menos | Baixa pressão | A pressão de entrada do fluxo do processo é inferior à pressão definida. Menor pressão de saída da turbina. | Baixa eficiência de transferência de calor. | Instalar o indicador de pressão (PI) e aumentar a pressão até à quantidade necessária. |
| | Mais | Alta pressão | A pressão de entrada do fluxo do processo é superior à pressão definida. | Pressão não desejada no fluxo de saída do refrigerador. | Instalar uma PRV que possa ajudar a ultrapassar o excesso de pressão. |

Parâmetros	Palavras-guia	Desvios	Causas	Consequências	Acções
			Maior pressão de saída da turbina.		
Fluxo	Não	Sem fluxo no arrefecedor	Sem fluxo de processo e fornecimento de alimentação.	Desperdício de energia	Instalar a FIC

Quadro 6.10 Perigosidade do permutador de calor

6.4.3 Permutador de calor

Parâmetros	Palavras-guia	Desvios	Causas	Consequências	Acções
Dever	Menos	Baixo consumo	O caudal de entrada dos gases de combustão é demasiado baixo.	Reação inibida devido à temperatura de funcionamento não atingida.	Instalar o TIC no fluxo de saída do permutador de calor para manter o

					caudal de vapor utilitário.
			Baixa temperatura de entrada.		
Temperatura	Menos	Baixa temperatura	Baixa temperatura dos gases de combustão.	Reação inibida devido à temperatura de funcionamento não atingida.	Instalar o TI e o transmissor de temperatura (TT).
	Mais	Alta temperatura	Demasiado trabalho de aquecimento. Temperatura elevada dos gases de combustão provenientes do aquecedor.	Desperdício de energia	Instalar TIC e TT na entrada dos gases de combustão e reduzir o serviço de aquecimento.

6.4.3 Permutador de calor (continuação)

Parâmetros	Palavras-guia	Desvios	Causas	Consequência	Acções
Corrosão	Mais	Alta temperatura	O fluido a alta temperatura da bomba pode causar a corrosão. Alta velocidade do fluido nos tubos.	Os tubos podem ser danificados.	• Manutenção correta dos tubos. • Controlo da temperatura. • Manter a velocidade do fluido.
Fluxo	Não	Sem fluxo	Não há fornecimento de gases de combustão de alimentação ou a válvula entre a saída da bomba e o permutador de calor	O permutador de calor pode sobreaquecer.	Instalar o FCA e certificar-se de que a válvula tem de abrir. Verificar e reparar a rutura de um tubo.

			está fechada.		
	Men os	Menos fluxo	Mau funcioname nto do permutador de calor.	Menor transferênci a de calor.	Instalação do FICA e manutenção regular das válvulas
	Elev ado	Caudal elevado	Elevado caudal de gases (saída da bomba)	Queda de pressão elevada no lado do casco e do tubo.	Instalar FICA e A válvula de controlo deve ser verificada.

6.4.4 Turbina

Tabela 6.11 Perigo da turbina

Parâmet ro	Pala vra- guia	Desvio	Causas	Consequên cias	Ação
Temperatu ra	Me nos	Menos temperat ura	Inadequado aqueciment o. Mau funcioname nto equipament o	Eficiência reduzida. Atrasos na produção.	Calibrar o sensor de temperatura .
	Mai s	Temperat ura mais	Gases do permutador de calor que	As pás da turbina	Inspeção e danificação do

		elevada da turbina	entram na turbina à temperatura mais elevada.	sobreaquecem. Reduz a eficiência da turbina. Reduz a vida útil da turbina.	equipamento avariado Instalar o indicador de temperatura e o transmissor de temperatura na entrada da turbina.
Fluxo	Não	Não há fluxo na turbina.	Bloqueios nas condutas e no fluxo de gás As válvulas estão fechadas.	Danos no equipamento devido a sobreaquecimento. Representa um risco para a segurança dos trabalhadores.	Verificar os bloqueios das condutas de gás. Verificar se a válvula está fechada ou aberta.

6.4.4 Turbina (continuação)

Parâmetros	Palavras-guia	Desvios	Causas	Consequências	Acções
Pressão	Mais	Alta pressão	Aumento do caudal de gás da turbina.	As pás da turbina podem danificar-se. Reduz a eficiência da turbina.	Reduz o caudal de gás. Instalar a válvula de pressão.
	Menos	Menos pressão	Os gases provenientes do permutador de calor têm uma temperatura inferior.	Aumentar o desgaste (danos graduais). Aumentar o risco de segurança.	Instalar o transmissor de temperatura.

6.4.5 Aquecedor

Quadro 6.12 Perigo do aquecedor

Parâmetro	Palavra-guia	Desvio	Causas	Consequências	Acções
Fluxo	Mais	Caudal elevado	• Mau funcionamento das válvulas de controlo do fluxo. • Maior caudal de gases de	• A temperatura do aquecedor diminui. • Reduz a eficiência do processo	Inspeção das válvulas de controlo do fluxo.

			combustão à entrada.	de transferência de calor. • reduz o desempenho e pode aumentar os custos de manutenção.	
	Menos	Caudal inferior	Mau funcionamento da válvula de controlo que restringe o fluxo	Aumentar a temperatura. Provoca incrustações ou coque que reduzem o desempenho do aquecedor.	Substituir a válvula de controlo ou a manutenção regular das válvulas.

6.4.5 Aquecedor (continuação)

Parâmetro	Palavra-guia	Desvio	Causas	Consequências	Acções
	Mais	Temperatura mais elevada.	Aumentar as taxas de disparo. O caudal do gás de combustão é menor.	• Reduz a vida útil do equipamento. • Aumento do custo de	Instalar o sensor de temperatura e os alarmes. Ajustar as taxas de disparo.

Temperat ura				• manutenç ão. • Criar riscos de seguranç a, por exemplo, incêndio, explosão.	
	Me nos	Menos temperatu ra	• Os gases de combustão estão contamina dos • Aumentar o caudal dos gases de combustão.	• Reduziu a eficiência do processo. • Menor rendiment o do produto.	Utilizar a válvula de controlo para regular (aumentar os caudais). Instalar sensores de temperatu ra.
	Exce to	Utilizei outro líquido.	Contaminaçã o dos gases de combustão.	Danificação do equipament o. Causa riscos de segurança.	Substituir os fluidos que estão especifica dos nas condições.

C capítulo 7

Simulação e Convergência

7.1 Introdução

7.2 Para o óleo quente

O pacote de propriedades utilizado na simulação deste processo é o Peng-Robinson (PR). O processo básico de recuperação de calor residual começa quando os gases de combustão com a mesma composição de oito aquecedores diferentes são expelidos e, em seguida, estes gases quentes são introduzidos numa série de permutadores de calor do tipo "Shell and Tube", em que o Texathem é considerado um fluido frio a uma temperatura de 460°F a uma pressão de 14,7 psia com um caudal de 2.78 m^3 /h num lado do tubo, enquanto que os gases de combustão são considerados como fluido quente a uma temperatura de 890°F a uma pressão de 0,65 psia. Agora, a troca de calor ocorre e os produtos de saída obtidos são "óleo quente 1 como 6" da saída do tubo com um aumento de temperatura de 460°F para 487°F e a saída da casca "gases quentes 1 como 7" com uma queda de temperatura de 890°F para 485,6°F. O "óleo quente 1"e os gases de combustão a 870°F entram no permutador 2nd e o produto obtido é o óleo quente 2as 9 com um aumento de temperatura de 487°F para 514°F. O "hot oil 2" e os gases de combustão a 870°F entram no permutador 3rd e o produto obtido é o hot oil 3 as 12 com um aumento de temperatura de 514°F para 541°F. O "hot oil 3" e os gases de combustão a 870°F entram no permutador 4th e o produto obtido é o hot oil 4 as 15 com um aumento de temperatura de 541°F para 560°F. O "óleo quente 4" e os gases de combustão a 741°F entram no permutador 5th e o produto obtido é óleo quente 5 as 18 com um aumento de temperatura de 560°F a 569°F. O "óleo quente 5" e os gases de combustão a 741°F entram no permutador 6th e o produto obtido é o óleo quente 6 as 21 com um aumento de temperatura de 569° F para 577°F. O "óleo quente 6" e os gases de combustão a 689°F entram no permutador 7th e o produto obtido é o óleo quente 8 como 24 com um aumento de temperatura de 577°F para 582,6°F. O "hot oil 8" e os gases de combustão a 663°F entram no 8th permutador e o produto que obtemos é o hot oil 8 as 27 com um aumento de temperatura de 582°F para 585°F.

Agora, o texatherm aquecido é introduzido no aquecedor para aumentar a sua temperatura para 1000°F, enquanto os gases quentes que se obtêm a diferentes temperaturas são misturados num misturador e depois entram na turbina para gerar energia.

7.3 Para vapor Geração

O processo básico de recuperação de calor residual começa quando os gases de combustão com a mesma composição de oito aquecedores diferentes são expelidos e depois estes gases quentes são introduzidos numa série de permutadores de calor. Está a ser utilizado um permutador de calor de casco e tubo, no qual a água a 86°F é introduzida no lado do tubo a uma pressão de 18,13 psia com um caudal de 4,782 m^3 /hr, enquanto os gases de combustão são introduzidos no lado do casco a uma temperatura de 890°F a uma pressão de 0,65 psia. Agora ocorre a troca de calor, e os produtos de saída obtidos são "vapor 1 como 6" da saída do tubo com um aumento de temperatura de 86°F para 104°F e do casco "gases quentes 1 como 7" com uma queda de temperatura de 890°F para 112°F O "vapor 1" e os gases de combustão a 870°F entram no 2° permutador e o produto obtido é o vapor 2 como 9 com um aumento de temperatura de 104°F para 121,3 °F. O "vapor 2" e os gases de combustão a 870°F entram no 3° permutador e o produto obtido é o vapor 3 como 12 com um aumento de temperatura de 121,3°F a 136,1°F. O "vapor 3" e os gases de combustão a 741°F entram no 4° permutador e o produto obtido é o vapor 4 como 15 com um aumento de temperatura de 136,1°F para 150,4°F. O "vapor 4" e os gases de combustão a 870°F entram no 5° permutador e o produto obtido é o vapor 5 como 18 com um aumento de temperatura de 150,4°F a 167,6°F. O "vapor 5" e os gases de combustão a 741°F entram no 6° permutador e o produto obtido é o vapor 6 como 21 com um aumento de temperatura de 167,6°F para 175,9°F. O "vapor 6" e os gases de combustão a 689°F entram no 7° permutador e o produto obtido é o vapor 7 como 24 com um aumento de temperatura de 175,9°F para 184,5°F. O "vapor 7" e os gases de combustão a 663°F entram no 8° permutador e o produto que obtemos é o vapor 8 como 28 com um aumento de temperatura de 184,5°F para 194,4° F.

Agora, o vapor saturado entra no aquecedor para aumentar a sua temperatura para 752°F, a fim de pré-aquecer o petróleo bruto, enquanto os gases quentes que se obtêm a diferentes temperaturas se misturam num misturador e depois entram na turbina para gerar energia.

7.4 Para ORC

O pacote de propriedades utilizado na simulação deste processo é o Peng-Robinson (PR). Em primeiro lugar, o fluxo CALFLO-LT com uma temperatura de 590° F e uma pressão de 50kPa entra numa bomba onde a pressão aumenta de 50kPa para 80 kPa, enquanto os outros parâmetros permanecem inalterados. Este fluxo entra então num permutador de calor. O fluido de trabalho (CALFLO-LT) é considerado como fluido frio colocado no tubo, enquanto os gases de combustão com uma temperatura de 890 F são considerados como fluido quente colocado no invólucro. Agora, os produtos de saída são obtidos com um aumento de temperatura de 616° F para 644° F. Em seguida, passa para a turbina, onde há uma diminuição da pressão de 75kPa para 55kPa e também uma ligeira diminuição da temperatura. Agora, para a continuação do ciclo, o fluxo passa para o refrigerador para arrefecimento. Para o segundo ciclo, o fluxo CALFLO-LT com uma temperatura de 590° F e uma pressão de 50kPa entra numa bomba onde a pressão aumenta de 50kPa para 80kPa enquanto os outros parâmetros permanecem iguais. O fluxo entra então num permutador de calor. O fluido de trabalho (CALFLO-LT) é considerado como fluido frio colocado no tubo, enquanto os gases de combustão a 870 F são considerados como fluido quente colocado no invólucro. Agora, os produtos de saída são obtidos com um aumento de temperatura de 590° F para 644° F. Em seguida, passa para a turbina, onde há uma diminuição da pressão de 75kPa para 55kPa. Agora, para a continuação do ciclo, o fluxo passa para o refrigerador para arrefecimento.

Para o terceiro ciclo, o fluxo CALFLO-LT a 590° F e pressão de 50kPa entra numa bomba onde a pressão aumenta de 50kPa para 80 kPa. Depois, o fluxo passa para o permutador de calor. O fluido de trabalho (CALFLO-LT) é considerado como fluido frio colocado no tubo, enquanto os gases de combustão a 869 F são considerados como fluido quente colocado no invólucro. Agora, os produtos de saída são obtidos com uma temperatura que aumenta de 590° F para 644° F. Em seguida, passa para a turbina, onde a pressão diminui e a temperatura também diminui ligeiramente. Agora, para a continuação do ciclo, o fluxo será transferido para o arrefecedor para arrefecimento. No quarto ciclo, o fluxo de CALFLO-LT a 590° F entra numa bomba. Em seguida, o fluxo passa para o permutador de calor. O fluido de trabalho (CALFLO-LT) é considerado um fluido frio colocado no tubo, enquanto os gases de combustão a 870 F são considerados um fluido quente colocado no invólucro. Agora, os produtos de saída são obtidos com um aumento de temperatura de 590° F para 644° F. Em seguida, passa para a turbina. Agora, para a continuação do ciclo, o fluxo será transferido para o refrigerador para arrefecimento. Fazendo o mesmo trabalho para 8 ciclos com diferentes temperaturas de gases de combustão, estas temperaturas são 741° F, 739 ° F,689 ° F,662 F°

7.5 Critérios de convergência

Convergência significa chegar a uma solução que se aproxima dos resultados exactos com tolerância e erro relativo definidos. A tolerância e o erro relativo dos permutadores de calor para três tecnologias diferentes são apresentados na Tabela 7-1.

Quadro 7.1 Critérios de convergência para permutadores de calor

Casos / Sistema de óleo quente	Equipamento	Tolerância	Erro relativo
	E-100	1.00E-04	6.31E-15
	E-101	1.00E-04	1.30E-13
	E-102	1.00E-04	-
	E-103	1.00E-04	-
	E-104	1.00E-04	1.81E-14
	E-105	1.00E-04	3.38E-09
	E-106	1.00E-04	1.73E-11
	E-107	1.00E-04	-
	E-100	1.00E-04	5.74E-05
	E-101	1.00E-04	7.95E-10
Geração de vapor	E-102	1.00E-04	1.90E-05
	E-103	1.00E-04	5.10E-09
	E-104	1.00E-04	-
	E-105	1.00E-04	1.40E-09
	E-106	1.00E-04	-
	E-107	1.00E-04	-
	E-100	1.00E-04	0
Ciclo orgânico de Rankine	E-101	1.00E-04	7.40E-15

	E-102	1.00E-04	9.75E-16
	E-103	1.00E-04	2.03E-16
	E-104	1.00E-04	4.37E-16
	E-105	1.00E-04	8.41E-16
	E-106	1.00E-04	1.92E-16
	E-107	1.00E-04	5.20E-15

7.6 Validação do modelo

A validação do modelo pode ser efectuada através de dados industriais ou da literatura. O nosso modelo foi validado através de dados industriais, pelo que, depois de introduzir os dados na nossa simulação, a simulação foi executada e convergiu, tendo sido obtidos os resultados dos dados industriais e da simulação.

Quadro 7.2 Validação do modelo

Tecnologias	Propriedades	Resultados da simulação	Resultados industriais	Erro relativo %
Óleo quente	Fluxo de massa (lb/hr)	5.354×10^3	5.440×10^3	1.58
	Fluxo de calor (Btu/hr)	9.508×10^5	9.660×10^5	1.57
Produção de vapor	Fluxo de massa (lb/hr)	1.052×10^4	1.060×10^4	0.75
	Fluxo de calor (Btu/hr)	-7.063×10^7	-7.073×10^7	0.14
Rankine orgânico Ciclo	Fluxo de massa (lb/hr)	5.159×10^2	5.280×10^2	2.29
	Fluxo de calor (Btu/hr)	-2.531×10^5	-2.610×10^5	3.03

Capítulo 8

Cálculo de custos do processo e análise económica

8.1 Introdução

A análise económica de um projeto deve ser vista como uma avaliação da viabilidade do processo subjacente. Um bom projeto proporcionará um rápido retorno do investimento e uma forte rentabilidade durante o período de vida previsto do projeto, e será idêntico a outros tipos de empreendimentos financeiros ou industriais. Em resultado da mudança de paradigma provocada pela execução e integração avançadas de processos, é hoje possível conceber uma solução ideal, tanto do ponto de vista técnico como financeiro. Assim, este capítulo apresenta a avaliação económica dos casos estudados com base no custo de capital e de exploração (Capex e Opex), no fluxo de caixa, na taxa interna de rentabilidade e no período de retorno do projeto.

8.2 CAPEX e OPEX

A avaliação económica do processo depende de dois custos significativos.

1- CAPEX (Custo de capital)
2- OPEX (Custo de exploração).

O CAPEX identifica as despesas de capital, tais como equipamento e activos, que não são reembolsáveis no ano em curso, mas que podem ser acumuladas e deduzidas ao longo de vários anos através de uma técnica de depreciação. O custo do capital fixo é a principal função do custo de capital, que depende do custo do terreno e do desenvolvimento do local, do custo de conceção da fábrica, da aquisição do equipamento, da construção da fábrica e das estruturas associadas e de um orçamento para imprevistos. Além disso, é necessário um certo montante de fundo de maneio para lançar a atividade, incluindo os custos dos primeiros meses de produção.

(Mayssa Youssef, 2011)

O OPEX de um processo é diretamente proporcional à sua produtividade. Os preços das matérias-primas são o fator mais crucial. Os serviços públicos são a segunda maior despesa. Os custos associados à gestão de um projeto podem incluir reparações, pessoal, despesas administrativas gerais, marketing, vendas, aprovisionamento, etc. São necessários vários custos para determinar o capital total e o custo de exploração (Mayssa Youssef, 2011).

Quadro 8.1 Factores de custo (Kazmi, 2021)

Custo	Fórmulas
Instalação de equipamento	0,47 do CET
Tubagem	0,68 do CET
Elétrico	0,11 do CET
Instalações de serviço	0,70 do CET
TDC	Custo direto total
Engenharia	0,25 do CET
Construção	0,41 do CET
Contratante e contingência	0,60 do CET
TIDC	**Total dos custos indirectos**
FCI	**Encargos fixos de investimento (TDC+TIDC)**
WC	0,10 de TIC
Impostos locais	0,01 de FCI
Seguros	0,01 de FCI
TFC	**Total dos encargos fixos**
Manutenção de instalações	0,03 de FCI
Mão de obra Custo de funcionamento	1500 horas-homem/ano
Supervisão da fábrica	0,15 f LOC
TDPC	**Total Custo direto de produção**
Custos administrativos	0,15 de CLO
TGE	**Total das despesas gerais**

8.2.1 Custo total do equipamento (CTE)

O TCE é utilizado para calcular o custo total de capital **(TCC),** que deve basear-se em preços recentes pagos por equipamentos semelhantes. Neste caso, as correlações estimadas são utilizadas para determinar o custo aproximado de cada equipamento.

Para a estimativa do custo do permutador de calor, foi utilizada a correlação de Richard Torton. A área de cada permutador de calor foi estimada pelo Aspen Economic Analyzer, enquanto que os diferentes parâmetros (F_p ,F_{bm} ,C_p) são estimados por cálculo (R.Turner, 2005).

Para a estimativa do custo da turbina e do expansor, a correlação foi utilizada por Guthrie para encontrar o valor da constante de custo (C, n), enquanto (S) foi considerado como especificação de potência em (KW).

A relação de custos utilizada é apresentada no Quadro 8-2, que utiliza constantes específicas do equipamento (α,β) e uma dimensão específica da operação (S), ou seja, a potência (kW) consumida pela turbo-máquina e a capacidade de caudal (l/s) nas bombas dentro de um intervalo que é satisfeito em todos os casos deste estudo (R.Turner, 2005).

 Para os intercoolers, o método do módulo simples, tal como indicado por Turton, é utilizado para calcular o custo de aquisição do intercooler, que depende do fator do módulo simples (*FBM, i*), do fator de pressão (F_p) e do fator de material (F_M). (R.Turner, 2005)

Todos os custos são agregados para formar o custo total do equipamento, que é mencionado na Tabela 8-1

Tabela 8.2 Funções de custo para equipamento

Equipamento	Função de custo
Turbina	$C * Sn$ Em que S= potência (KW)
Bomba	$Ce = \alpha + \beta * Sn$ Onde S= potência (KW)
Refrigerador	$\log F_p = C_1 + C_2 \log_{10} P + C_3 \log_{10} P\,)2$ $Fb_m = B_1 + B_2(F_2)(F_m)$ $\log_{10} C_p\, K_1 + K_2 \log_{10} X + K_3 (\log_{10} X)2$ $C_{bm} = F_{bm}\, C_p$

Permutadores de calor	$\log_{10} F_p = C_1 + C_2 \log_{10} P + C_3 (\log_{10} P)2$
	$F_{bm} = B_1 + B_2(F_p)(F_m)$
	$\log_{10} C_p = K_1 + K_2 \log_{10} X + K_3 (\log_{10} X)2$
	$C_{bm} = F_{bm} C_p$

Fórmulas

Custo total do capital (CTC) = Custo direto total (CDT) + Custo indireto total (CIDT) + Fundo de maneio (FC)

Custo total de exploração (TOP) = Total de encargos fixos (TFC) + Total de despesas gerais (TGE) + Total de custos diretos de produção (TDPC)

Custo total do equipamento (CTE) = Soma de todos os custos do equipamento

8.3 Estimativa de custos do óleo quente

A Tabela 8-3 representa o custo total de capital (TCC) do óleo quente, juntamente com o custo total do equipamento, operação e manutenção. Todos os cálculos são feitos com os factores fornecidos na Tabela 8-1 para uma melhor estimativa.

Tabela 8.3 Custo do óleo quente

Custo	Montante em USD
Custo total do equipamento	436129.9 USD
Custo direto total	1195653.6 USD
Total dos custos indirectos	303153,9 USD
Fundo de maneio	30314.3 USD
Custo total do capital	1529122.9 USD
Custo operacional total	87535.0 USD

8.4 Estimativa de custos para a produção de vapor

A Tabela 8-4 representa o custo total de capital (TCC) da geração de vapor, juntamente com o custo total do equipamento, operação e manutenção. Todos os cálculos são feitos com os factores fornecidos na Tabela 8-1 para melhor estimativa.

Tabela 8.4 Custo da produção de vapor

Custo	Montante em USD
Custo total do equipamento	418485.4 USD
Custo direto total	945777.0 USD
Total dos custos indirectos	443594.5 USD
Fundo de maneio	44359.4 USD
Custo total do capital	1433731.07 USD
Custo operacional total	81570.0 USD

8.5 Estimativa de custos para o ciclo orgânico de Rankine (ORC)

A Tabela 8-5 representa o custo total de capital (TCC) do ORC, juntamente com o custo total do equipamento, operação e manutenção. Todos os cálculos são feitos com os factores fornecidos na Tabela 8-1 para melhor estimativa.

Tabela 8.6 Custo para ORC

Custo	Montante em USD
Custo total do equipamento	638560.7 USD
Custo direto total	1443147.3 USD
Total dos custos indirectos	676874.4 USD
Fundo de maneio	67687.4 USD
Custo total do capital	2187708.9 USD
Custo operacional total	121391.1USD

8,6 Poupanças anuais

8.6.1 Poupanças anuais com óleo quente

Como já foi referido, antes do sistema WHR a partir de óleo quente, a Texatherm aumentou diretamente a sua temperatura de 460° F para 1000° F, pelo que o serviço de aquecimento também era demasiado elevado, mas após a implementação do WHR a partir de óleo quente, quando o sistema de recuperação já aumentou a sua temperatura para 620° F, o serviço de aquecimento também diminuiu.

Vejamos,

O funcionamento do aquecedor antes da WHR = 4,372MMBTU/hr

O funcionamento do aquecedor após WHR = 1,372MMBTU/hr

1- Base e pressupostos

Quadro 8.6 Base de cálculo

Preço do gás	5 USD/MMBTU
Valor de aquecimento do gás	1050 BTU/SCF
Horário de trabalho	365 Dias

2- Cálculos

Poupança de combustível em MMBTU/hr	3 MMBTU/hr
Poupança de combustível em MMSCFD	0,068571 MMSCFD
Poupança de combustível em MMBTU	210 MMBTU
Preço de poupança de combustível	1050 USD
Poupança anual de preços	383250 USD

Quadro 8.7 Valores da poupança

8.6.2 Poupanças anuais na produção de vapor

Como foi discutido anteriormente, antes do sistema WHR de geração de vapor, a água aumentava diretamente a sua temperatura de 86° F para 752° F, pelo que o dever do superaquecedor também era muito elevado, mas após a implementação do WHR de geração de vapor, quando o sistema de recuperação já o converteu em vapor saturado à temperatura de 191,4° F, o dever do aquecedor também diminui. Vejamos,

O funcionamento do aquecedor antes da WHR = 13,22 MMBTU/hr

O funcionamento do aquecedor após WHR = 12,22 MMBTU/hr

1- Base e pressupostos

Quadro 8.8 Base de cálculo

Preço do gás	5 USD/MMBTU
Valor calorífico do gás	1050 BTU/SCF
Horário de trabalho	365 dias

2- Cálculos

Quadro 8.9 Valores da poupança

Poupança de combustível em MMBTU/hr	1 MMBTU/hr
Poupança de combustível em MMSCFD	0,022857 MMSCFD
Poupança de combustível em MMBTU	94,5 MMBTU
Preço de poupança de combustível	475,2 USD
Poupança anual de preços	172462.5 USD

8.6.3 Poupanças anuais do ciclo orgânico de Rankine (ORC)

Como foi discutido anteriormente, antes do sistema WHR a partir do ORC, o gerador de gás a 1000KW consome combustível de 7332 pés^3 /hr, mas após a instalação do WHR a partir do ORC, a carga do gerador de gás é reduzida para 550KW, pelo que o consumo de combustível também é reduzido. Consideremos,

Consumo de combustível do gerador a gás a 1000KW = 7332 pés /hr^3

Consumo de combustível do gerador a gás a 550KW = 3687 pés /hr^3

1- Base e pressupostos

Quadro 8.10 Base de cálculo

Preço do gás	5 USD/MMBTU
Valor calorífico do gás	1050 BTU/SCF
Horário de trabalho	365 Dias

2- Cálculos

Quadro 8.11 valores da poupança

Poupança de combustível em ft3/hr	3645 pés3/hr
Poupança de combustível em MMSCFD	0,05 MMSCFD
Poupança de combustível em MMBTU	136,5 MMBTU
Preço de poupança de combustível	682,5 USD
Poupança anual de preços	249112,5 USD

A partir dos cálculos acima, obtém-se a poupança anual de cada tecnologia, que pode ser utilizada para determinar os fluxos de caixa e a TIR.

S.N.	Processo	Poupança de combustível (MMSCFD)	Poupanças anuais (USD)
1	Óleo quente	0.06	383250.5
2	Produção de vapor	0.022	172462.5
3	ORC	0.05	249112.5

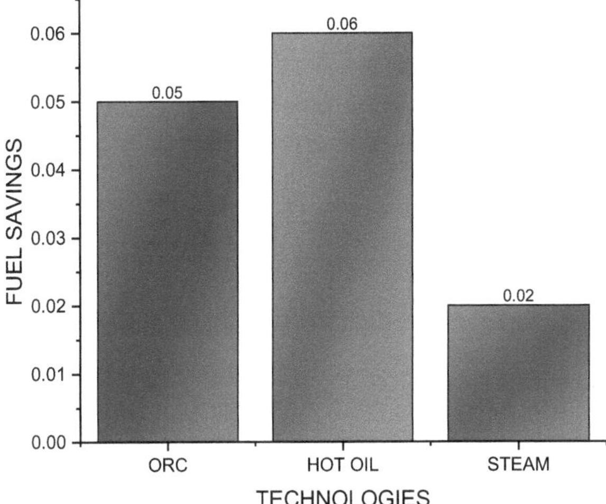

Figura 8.1 Poupança de combustível de todas as tecnologias

8.7 Fluxos de caixa, TIR e período de retorno

O fluxo de caixa reflecte essencialmente o desempenho do processo em termos de gestão operacional do sistema (custos e receitas) durante o período de detenção. Sublinha o potencial do projeto, tendo em conta as contas a receber e a pagar.

143

$$Cash\ flow = Cash\ in - cash\ out$$

Os investimentos dos fundos têm de ser efectuados após um cálculo cuidadoso dos custos e da orçamentação. A taxa interna de rentabilidade analisa o desempenho da taxa de crescimento anual do investimento e o fluxo de caixa esperado. Matematicamente, avalia a taxa de desconto à qual o seu valor atual líquido é igual a 0.

$$0 = NPV = \sum(CFo + \frac{CF1}{(1+IRR)1} + \frac{CF2}{(1+IRR)2} + \frac{CF3}{(1+IRR)3} + \cdots + \frac{CFn}{(1+IRR)n}$$

O período de retorno do investimento também desempenha um papel fundamental na decisão da viabilidade económica do projeto, uma vez que é uma avaliação do tempo que indica a rapidez com que o investimento inicial pode ser recuperado. (Mayssa Youssef, 2011)

Assumimos que a vida útil da fábrica é de 20 anos, que é o tempo de vida normal de uma fábrica, e foram obtidos vários fluxos de caixa.

A seguir, o gráfico que mostra os fluxos de caixa estimados de cada tecnologia.

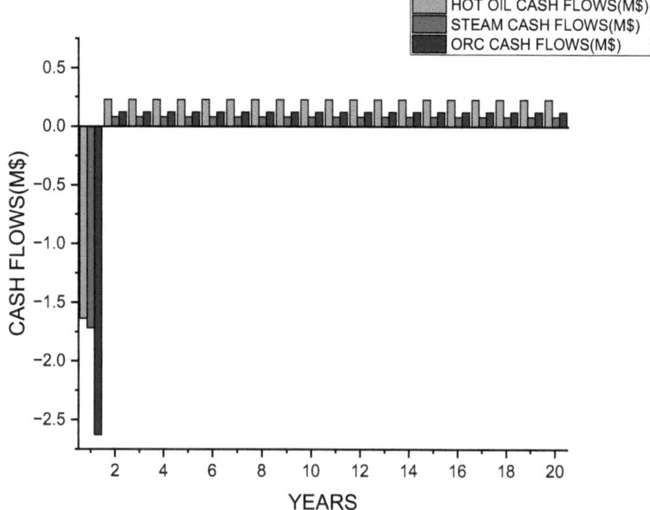

Figura 8.2 Fluxos de caixa de todas as tecnologias s

O período de retorno do investimento e a TIR de cada tecnologia são apresentados a seguir

Tabela 8.13 Período de retorno e TIR

S.N.	Processo de WHR	Período de recuperação	TIR
1-	Óleo quente	5,6 anos	25.0%
2-	Produção de vapor	11,7 anos	12.2%
3-	Ciclo orgânico de Rankine	12,3 anos	11.3%

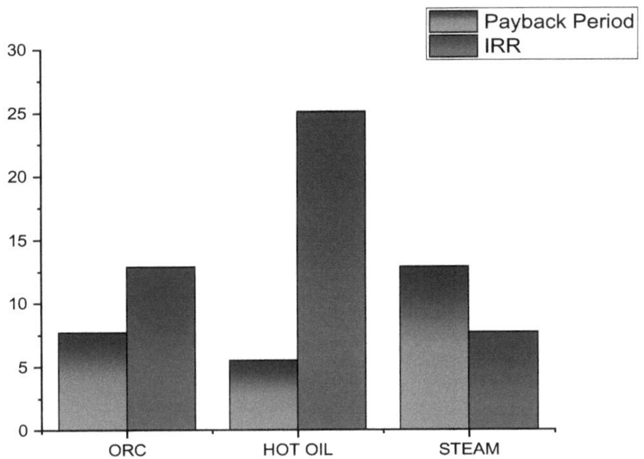

Figura 8.3 Período de retorno e TIR de cada tecnologia

A análise acima mostra que o óleo quente tem um período de retorno baixo, o que significa que o óleo quente requer menos tempo para recuperar o investimento inicial e a TIR elevada mostra que o processo é financeiramente mais rentável e atrativo do que outras tecnologias. Por outro lado, o período de retorno elevado e a

TIR baixa do vapor e do ORC mostram que o projeto não será muito rentável em comparação com o óleo quente.

Capítulo 9

Resultados e discussão

9.1 Introdução

O objetivo deste projeto é comparar estas tecnologias para selecionar qual a melhor opção. Para tal, foram realizadas algumas análises, para a otimização dos processos foram realizadas análises de sensibilidade, para a eficiência dos processos foram realizadas análises exergéticas e para as poupanças anuais de cada tecnologia foram também realizadas análises económicas.

9.2 Análise de sensibilidade

A análise de sensibilidade é uma técnica utilizada em vários domínios, incluindo a economia, as finanças, a engenharia e os processos de tomada de decisões, para avaliar o impacto das alterações das variáveis ou parâmetros de entrada na produção ou no resultado de um modelo, sistema ou decisão. Ajuda a compreender a sensibilidade ou a capacidade de resposta de um sistema a diferentes factores e fornece informações sobre a forma como as variações desses factores podem influenciar os resultados.

O principal objetivo da análise de sensibilidade é identificar quais as variáveis ou parâmetros que têm uma influência mais significativa nos resultados do modelo e como as alterações nessas variáveis afectam os resultados globais. Ao variar sistematicamente os valores destes factores de entrada, os analistas podem observar a forma como os resultados se alteram e tomar decisões informadas com base na análise. (Abdelmajid Jamil b, 2021)

9.2.1 Análise de sensibilidade no sistema WHR

A análise de sensibilidade é realizada no sistema de recuperação de calor residual de todas as tecnologias para otimização do sistema, a fim de decidir qual o fator que pode ter um melhor impacto no resultado desejado. Ao otimizar o sistema, este pode ser mais eficiente e melhorar o seu desempenho global.

9.2.1.1 Análise de sensibilidade do óleo quente

A análise de sensibilidade é realizada no sistema de óleo quente para otimização. Como se sabe, o sistema de óleo quente é constituído por uma série de permutadores de calor, de modo a otimizar o sistema de óleo quente, o MITA de cada permutador de calor é fixado em 15° F e a temperatura de entrada do óleo quente do permutador de calor 1st é alterada de acordo com o MITA, enquanto os outros parâmetros variam em conformidade. Ao alterar a temperatura de entrada do óleo quente, obtém-se a temperatura de saída, sendo esta temperatura de saída considerada como a entrada do permutador de calor de óleo quente 2nd, enquanto o MITA permanece constante.

Os gráficos seguintes foram obtidos para observar em pormenor o impacto dos parâmetros no sistema

9.2.2 Análise de sensibilidade da produção de vapor

A análise de sensibilidade é realizada na geração de vapor para otimização. Como se sabe, o processo de produção de vapor é constituído por uma série de permutadores de calor, de modo a otimizar o sistema de produção de vapor, o MITA de cada permutador de calor é fixado em 15° F e a temperatura de entrada da água de 1st permutador de calor é alterada de acordo com o MITA, enquanto os outros parâmetros variam em conformidade. Ao alterar a temperatura de entrada da água, obtém-se a temperatura de saída, sendo esta temperatura de saída considerada como a entrada de 2nd permutador de calor de água, enquanto o MITA permanece constante, a série continuará assim até ao último permutador para otimização do sistema.

Os gráficos seguintes foram obtidos de forma a observar em pormenor o impacto dos parâmetros no sistema.

9.2.3 Análise de sensibilidade do ciclo orgânico de Rankine

A análise de sensibilidade é realizada no ORC para otimização. Para otimizar o sistema ORC, o MITA do permutador de calor é fixado em 15° F e a temperatura de entrada do permutador de calor Cafllo LT de 1st é alterada de acordo com o MITA, enquanto os outros parâmetros variam em conformidade,

Alterando a temperatura de entrada do calflo, obtém-se a temperatura de saída. Agora, no segundo ciclo, repete-se o mesmo procedimento para obter a MITA de

15° F. Este processo continuará assim até ao último ciclo de otimização do sistema. Os gráficos seguintes foram obtidos para observar em pormenor o impacto dos parâmetros no sistema.

9.3 Análise exergética

A análise exergética é um método para avaliar a qualidade e a eficiência dos processos de conversão de energia. É uma medida do trabalho útil máximo que pode ser obtido do sistema à medida que este interage com o seu meio envolvente. Quanto mais elevada for a exergia de um sistema, mais trabalho útil pode ser potencialmente efectuado. A análise exergética tem como objetivo identificar e quantificar as fontes de irreversibilidade, ineficiências e perdas nos processos de conversão de energia. Ao examinar a destruição ou degradação da exergia num sistema, é possível identificar as áreas onde podem ser introduzidas melhorias para aumentar a eficiência.

É importante notar que, num sistema altamente eficiente, a eficiência exergética é considerada mais elevada do que a destruição exergética, devido a uma menor ou nenhuma reversibilidade.

(M. M. Rashidi, 2022)

9.3.1 Fórmulas utilizadas na análise exergética

Quadro 9.1 Fórmulas exergéticas (Bidar, 2021), (Kumar D. A., 2020)

BOMBA	
DESTRUIÇÃO DE EXERGIA	EFICIÊNCIA EXERGÉTICA
$I = \Sigma(m.e)in - \Sigma(m.e)out + W$	$\eta = \dfrac{\Sigma(m.e)out - \Sigma(m.e)in}{W}$
ARREFECEDOR	
DESTRUIÇÃO DE EXERGIA	EFICIÊNCIA EXERGÉTICA
$I = \Sigma(m.e)in - \Sigma(m.e)out$	$\eta = \dfrac{\Sigma(m.e)out}{\Sigma(m.e)in}$
MISTURADOR	

DESTRUIÇÃO DE EXERGIA	EFICIÊNCIA EXERGÉTICA
$I = \Sigma(m.e)in - \Sigma(m.e)out$	$\eta = \dfrac{\Sigma(m.e)out}{\Sigma(m.e)in}$
AQUECEDOR	
DESTRUIÇÃO DE EXERGIA	EFICIÊNCIA EXERGÉTICA
$I = \Sigma(m.e)in - \Sigma(m.e)out$	$\eta = \dfrac{\Sigma(m.e)out}{\Sigma(m.e)in}$
PERMUTADOR DE CALOR	
DESTRUIÇÃO DE EXERGIA	EFICIÊNCIA EXERGÉTICA
$I = \Sigma(m.e)in - \Sigma(m.e)out$	$\eta = 1 - [\left\{\dfrac{\Sigma(m\Delta e)}{\Sigma(m\Delta h)}\right\} hot - \left\{\dfrac{\Sigma(m\Delta e)}{\Sigma(m\Delta h)}\right\} cold$
TURBINA	
DESTRUIÇÃO DE EXERGIA	EFICIÊNCIA EXERGÉTICA
$I = \Sigma(m.e)in - \Sigma(m.e)out + W$	$\eta = \dfrac{W}{\Sigma(m.e)out - \Sigma(m.e)in}$

9.3.2 Análise exergética do óleo quente

A análise exergética do sistema de óleo quente é efectuada incluindo todo o equipamento (permutadores de calor, turbina).

A Tabela 9-2 indica o valor da eficiência exergética, da destruição exergética e a sua percentagem.

Tabela 9.2 Eficiência exergética, destruição e sua percentagem

Equipamento	Destruição de exergia KW	Eficácia exergética %	Destruição de exergia %
E-100	3.994333333	85.33313487	3.776262562
E-101	3.779888889	86.18026408	3.57352572
E-102	5.0945	81.82610485	4.81636559
E-103	2.678777778	87.10299389	2.532529809
E-104	1.444388889	85.13875387	1.365532426
E-105	1.283666667	84.94058697	1.213584839

E-106	1.239888889	76.34615385	1.172197111
E-107	1.0835	60.47138047	1.024346279
MIX-100	1.514722222	100.9913338	0.014320259
K-100	83.66111111	83.82568359	79.09362976
Total	105.7747778		98.56797409

O gráfico seguinte representa a eficiência exergética, a destruição exergética e a sua percentagem.

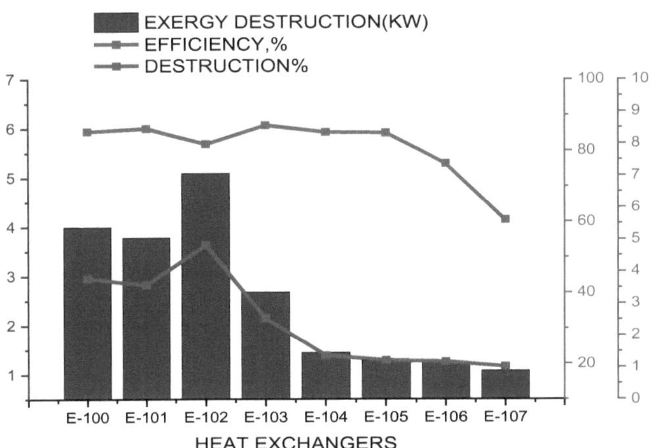

Figura 9.4 Gráfico para óleo quente

9.3.3 Análise exergética da produção de vapor

A análise exergética do sistema de produção de vapor é efectuada incluindo todo o equipamento (permutadores de calor, turbina).

A Tabela 9.3 indica o valor da eficiência exergética, da destruição exergética e a sua percentagem.

Tabela 9.3 Eficiência exergética, destruição e sua percentagem

Equipamento	Destruição de exergia KW	Eficácia exergética %	Destruição de exergia %

E-100	22.96201633	59.26441404	12.9509506
E-101	20.6109425	62.55503425	11.62490672
E-102	16.89712528	65.85431373	9.53025342
E-103	14.2401325	67.11943548	8.031666288
E-104	17.9371	67.82135922	10.11681607
E-105	7.635833333	71.31347962	4.306734166
E-106	7.348863889	73.89381625	4.144878733
E-107	9.072005556	95.05228595	5.116758653
MIX-100	1.9375	99.11264284	1.092781506
K-100	58.65833333	75.89584687	**33.08425384**
Total	**177.2998527**		**100**

O gráfico seguinte representa a eficiência exergética, a destruição exergética e a sua percentagem.

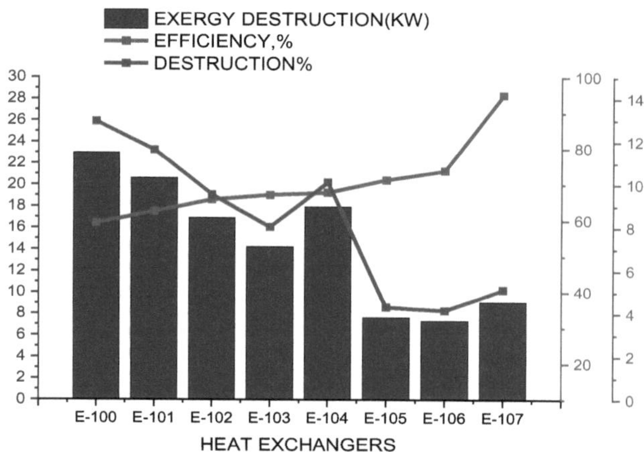

Figura 9.5 Gráfico da produção de vapor

9.3.4 Análise exergética do ORC

A análise exergética do ORC é efectuada incluindo (permutadores de calor, turbina).

A Tabela 9-4 indica o valor da eficiência exergética, da destruição exergética e a sua percentagem.

Tabela 9.4 Eficiência exergética, destruição e sua percentagem

Equipamento	Destruição de exergia KW	Eficácia exergética %	Destruição de exergia %
E-110	9.26860896	60.59081	1.10
E-111	9.68178924	60.59751	1.15
E-112	10.78197869	59.41577	1.28
E-113	8.607131312	60.59081	0.48
E-114	4.00055344	60.59081	0.43
E-115	3.637105692	60.59751	0.43
E-116	2.391419579	59.41577	0.06
E-117	0.529141376	60.59081	0.06
E-100	2.358062203	87.4336327	0.28
E-101	2.244024086	88.54524859	0.27
E-102	2.406687099	88.91853762	0.29
E-103	1.994340377	88.79641962	0.24
E-104	64.62296631	93.92441206	7.70
E-105	59.41416752	93.8981465	7.08
E-106	59.20687184	93.92441206	7.05
E-107	55.84196305	95.08044569	6.65
K-100	0.53	85.94	0.06
K-101	0.55	85.86	0.07
K-102	0.59	86.01	0.07
K-103	0.49	85.96	0.06
K-104	0.23	85.92	0.03
K-105	0.21	85.95	0.02
K-106	0.21	85.95	0.02
K-107	0.13	85.72	0.02

Continuar

P-100	2.27	74.56	0.27

P-101	2.26	80.80	0.27
P-102	2.30	87.05	0.27
P-103	2.14	87.05	0.25
P-104	1.22	52.15	0.15
P-105	1.08	54.20	0.13
P-106	0.54	79.16	0.06
P-107	0.15	61.31	0.02
TURB-1	70.18	74.66	8.36
TURB-2	69.09	76.74	8.23
TURB-3	44.54	81.49	5.31
TURB-4	70.20	74.63	8.36
TURB-5	70.83	73.48	8.44
TURB-6	72.11	71.24	8.59
TURB-7	85.37	88.16	10.17
TURB-8	45.17	79.47	5.38
Total	**8.39e+002**		**99.19**

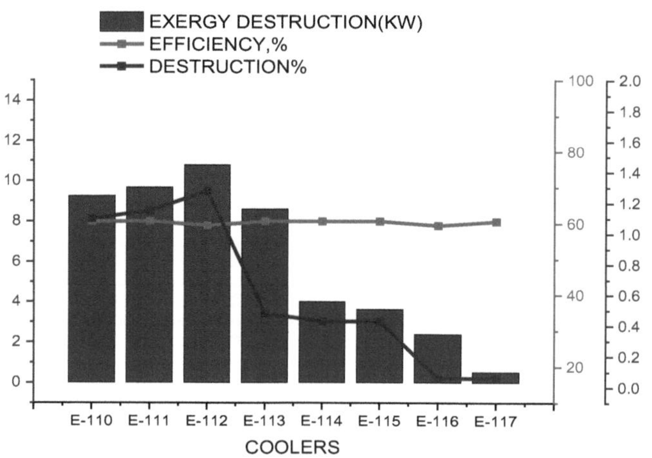

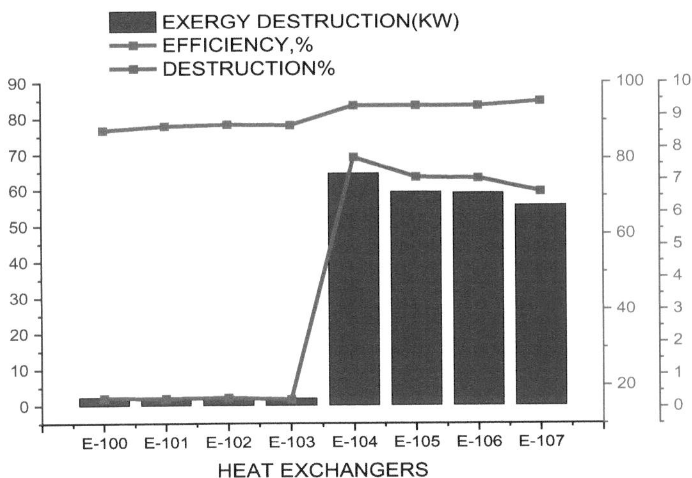

Figura 9.7 Gráfico para permutadores de calor

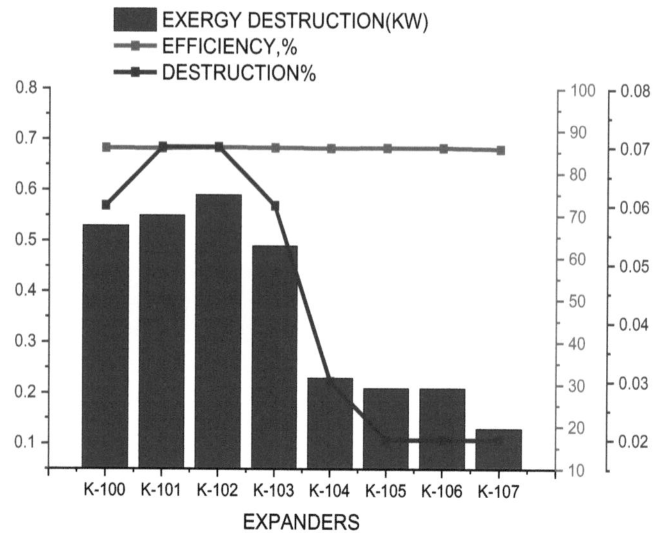

Figura 9.8 Gráfico para expansores

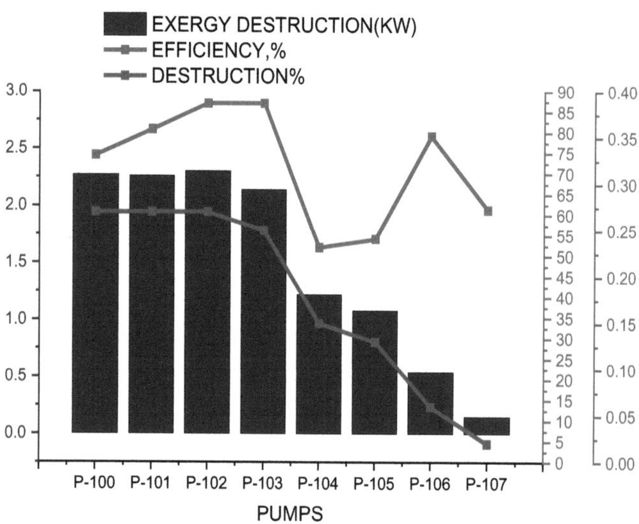

Figura 9.9 Gráfico para bombas

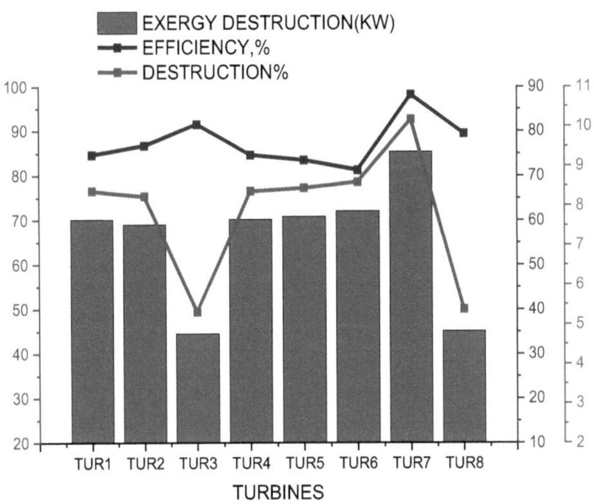

Figura 9.10 Gráfico para Turbinas

9.4 Comparação entre 3 tecnologias para o consumo de combustível

Como já foi referido, antes da aplicação destas tecnologias, o aquecedor e o superaquecedor, que são utilizados para pré-aquecer o texatherm ou o vapor, têm um elevado consumo de combustível e de combustível, mas após a aplicação destas tecnologias, os direitos e o consumo de combustível são reduzidos. Em comparação com os direitos reduzidos, verifica-se que o vapor do sobreaquecedor tem um elevado consumo de combustível e de combustível, enquanto o ORC tem um baixo consumo de combustível em comparação com a produção de vapor e o óleo quente tem o menor consumo de combustível em comparação com ambos.

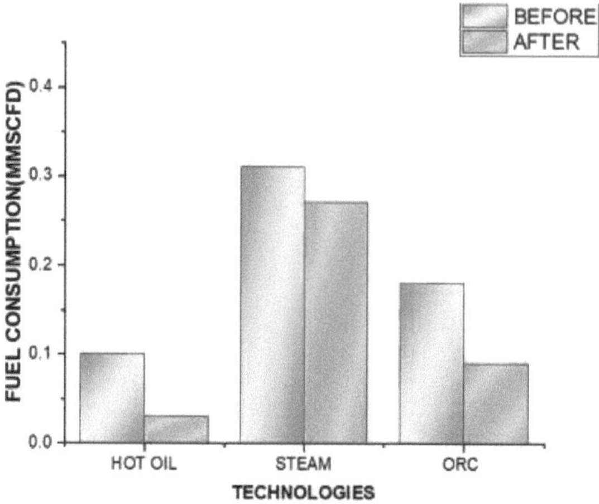

Figura 9.11 Consumo de combustível antes e depois das tecnologias

Depois de determinar os direitos e os consumos de combustível, calculamos a poupança de combustível para cada tecnologia

e comparar todas as tecnologias com base na poupança de combustível. O quadro seguinte apresenta as economias de combustível

poupança das 3 tecnologias

Quadro 9.5 Poupanças de combustível e anuais

Processo	Poupança de combustível (MMSCFD)	Poupanças anuais (USD)
Óleo quente	0.06	383250.5
Produção de vapor	0.022	172462.5
ORC	0.05	249112.5

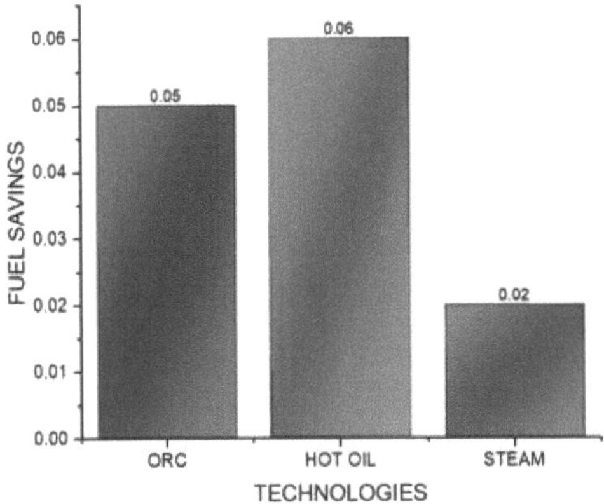

Figura 9.12 Poupança de combustível de todas as tecnologias

Se compararmos as poupanças de combustível das três tecnologias, é muito óbvio, a partir da figura 9-12, que a tecnologia de óleo quente tem uma maior poupança de combustível do que as outras duas tecnologias.

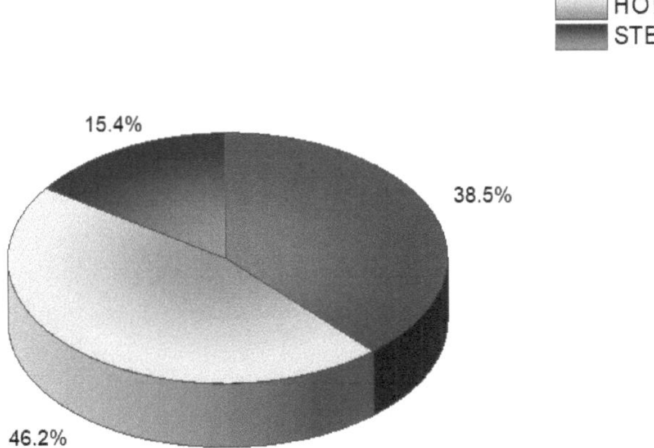

Figura 9.13 Poupança de combustível de todas as tecnologias

Capítulo 10

Conclusão

10.1 Resumo

O principal objetivo deste projeto é recuperar a energia presente nos gases de escape libertados por vários aquecedores. Para atingir este objetivo, identificámos três tecnologias, nomeadamente óleo quente, geração de vapor e ORC (Organic Rankine Cycle), que podem ser utilizadas para recuperar o calor. Estas tecnologias foram simuladas no software ASPEN HYSES V11 utilizando a equação de estado de Peng Robinson. Foi efectuada uma análise exaustiva, incluindo a sensibilidade económica e a análise exergética, para comparar a eficácia destas tecnologias na redução do consumo de combustível em relação à tecnologia existente e determinar o seu potencial para elevadas poupanças anuais.

Com base nos resultados desta análise, o óleo quente surgiu como a opção mais favorável. Não só reduz o consumo global de combustível, como também proporciona poupanças anuais substanciais.

10.2 Recomendações de trabalho para o futuro

Prevê-se que a recuperação de calor residual (WHR) venha a desempenhar um papel cada vez mais importante na melhoria da eficiência energética e na redução das emissões de gases com efeito de estufa no futuro. Seguem-se algumas recomendações para trabalhos futuros.

1- Otimização da transferência de calor

Podem ser efectuadas mais investigações e experiências para melhorar a eficiência da transferência de calor do sistema de recuperação de calor residual de óleo quente. Isto pode envolver a exploração de modelos avançados de permutadores de calor, a melhoria dos métodos de isolamento ou a otimização do caudal e da temperatura do óleo quente.

2- Monitorização e manutenção do desempenho

Implementar um programa robusto de monitorização e manutenção para garantir o funcionamento contínuo e eficiente do sistema de recuperação de calor residual de óleo quente. As inspecções regulares, as avaliações de desempenho e a manutenção proactiva podem ajudar a identificar e resolver quaisquer problemas operacionais ou ineficiências.

A aplicação destas estratégias e o aproveitamento dos avanços tecnológicos melhorarão significativamente a recuperação de calor residual através da tecnologia de óleos quentes, resultando numa maior eficiência energética, numa melhor utilização das fontes de calor residual e em benefícios ambientais.

APÊNDICE

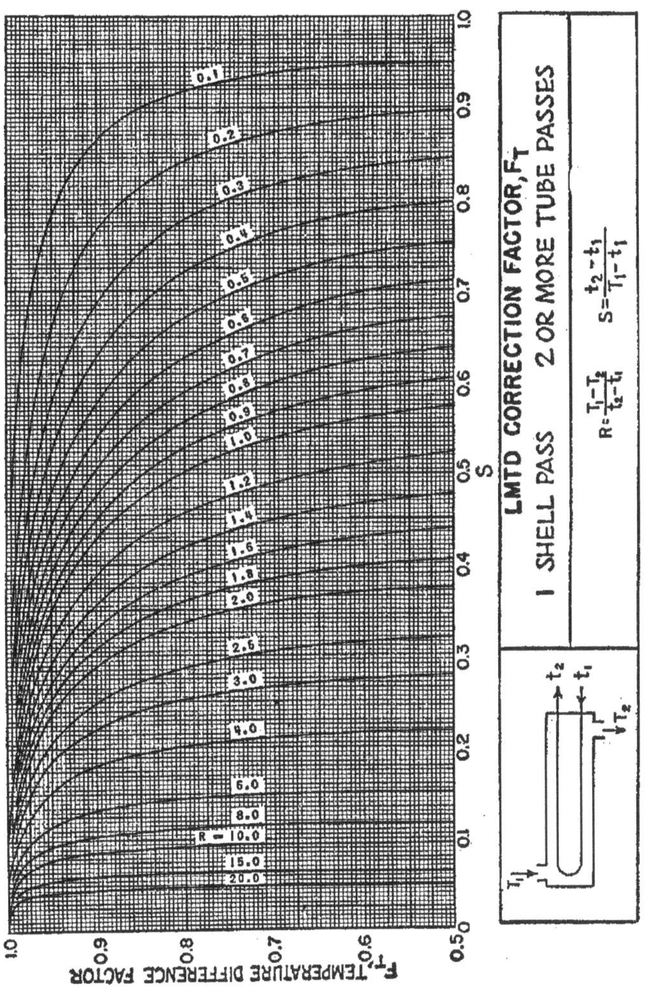

Figura 1 Fator de correção LMTD

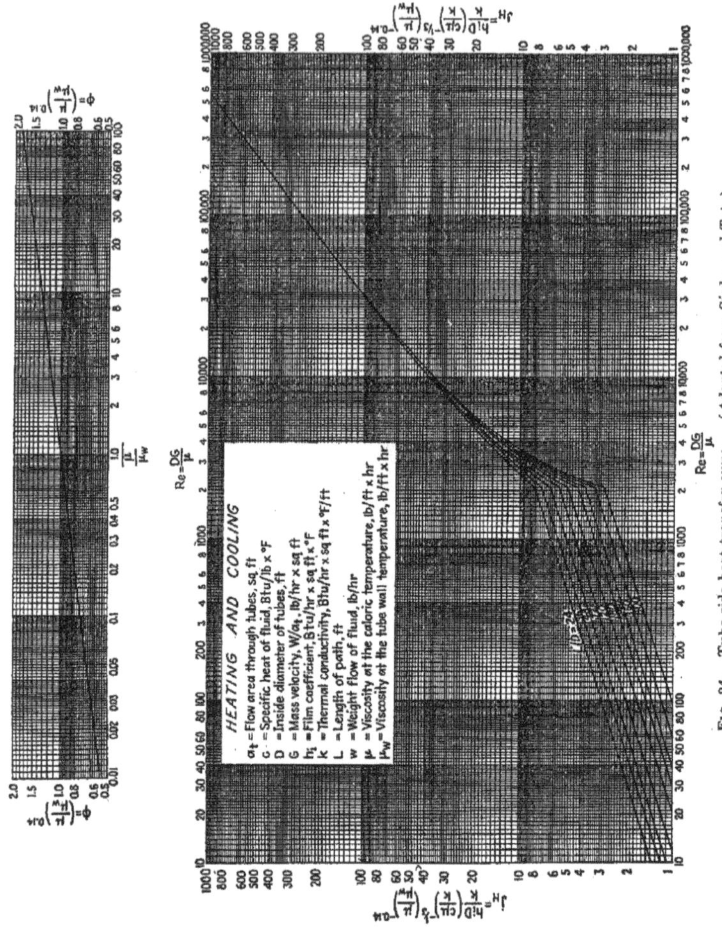

Fig. 24. Tube-side heat-transfer curve. (Adapted from Sieder and Tate.)

Figura 2 Área de transferência de calor do lado do tubo

Table A2 Purchased Equipment Cost for Some Plant Equipment Items

Equipment	Unit for Size	Size	α	β	n
Agitators and mixers					
Propellers	kW	5–75	17,000	1130	1.06
Spiral ribbon	kW	5–35	30,800	125	2.0
Static	l/s	1.0	570	1170	0.4
Boilers					
Packaged, 15–40 bar	tonne/h steam	5–200	124,000	10	1
Field erected, 10–70 bar	tonne/h steam	20–800	130,000	53	0.9
Centrifuges					
High-speed discs	Diameter	0.26–0.49	57,000	480,000	0.7
Suspended basket	Power (kW)	2.0–20	65,000	750	1.5
Compressors					
Blower	m³/h	200–5000	4450	57	0.8
Centrifugal	Power (kW)	75–3000	580,000	20,000	0.6
Reciprocating	Power (kW)	93–16,800	260,000	2700	0.75
Conveyors					
Belt, 0.5 m wide	Length (m)	10–500	41,000	730	1.0
Belt, 1 m wide	Length (m)	10–500	46,000	1320	1.0
Bucket elevator	Height (m)	10–30	17,000	2600	1.0
Crushers					
Hammer mill	tonne/h	30–400	68,400	730	1.0
Ball mill	tonne/h	0.7–60	−23,000	242,000	0.4
Crystallizers					
Scraped surface	Length (m)	7–280	10,000	13,200	0.8
Distillation columns	*Assembled from vessels, heat exchangers and internals*				
Dryers					
Direct contact rotary	m²	11–180	15,000	10,500	0.9
Atmospheric tray batch	Area (m²)	3–20	10,000	7900	0.5
Spray dryer	Evap. rate (kg/h)	400–4000	410,000	2200	0.7
Evaporators					
Vertical tubes	Area (m²)	11–640	330	36,000	0.55
Agitated falling film	Area (m²)	0.5–12	88,000	65,500	0.75
Exchangers					
U-tube shell and tube	Area (m²)	10–1000	28,000	54	1.2
Floating head shell and tube	Area (m²)	10–1000	32,000	70	1.2
Double pipe	Area (m²)	1–80	1900	2500	1.0
Thermosyphon reboiler	Area (m²)	10–500	30,400	122	1.1
U-tube kettle reboiler	Area (m²)	10–500	29,000	400	0.9
Plate and frame (303 SS)	Area (m²)	1–500	1600	210	0.95

Continued

Table A2 Purchased Equipment Cost for Some Plant Equipment Items—cont'd

Equipment	Unit for Size	Size	α	β	n
Filters					
Plate and frame	Capacity (m^3)	0.4–1.4	128,000	89,000	0.5
Vacuum drum	Area (m^2)	10–180	−73,000	93,000	0.3
Furnaces					
Cylindrical	Duty (MW)	0.2–60	80,000	109,000	0.8
Box	Duty (MW)	30–120	43,000	111,000	0.8
Packings					
304 Raschig rings	m^3		0	8000	1.0
Ceramic Intalox saddles	m^3		0	2000	1.0
304 SS Pall rings	m^3		0	8500	1.0
PVC structured packing	m^3		0	5500	1.0
304 SS structured packing	m^3		0	7600	1.0
Pressure vessels[a]					
Vertical, CS	Shell (kg)	160–250,000	11,600	34	0.85
Horizontal, CS	Shell (kg)	160–5000	10,200	31	0.85
Vertical, 304 SS	Shell (kg)	120–250,000	17,400	79	0.85
Horizontal, 304 SS	Shell (kg)	120–50,000	12,800	73	0.85
Pumps and drivers					
Single stage centrifugal	Flow (l/s)	0.2–126	8000	240	0.9
Explosion proof	Power (kW)	1–2500	−1100	2100	0.6
Condensing steam turbine	Power (kW)		−14,000	1900	0.75
Reactors					
Jacketed, agitated	Volume (m^3)	0.5–100	61,500	32,500	0.8
Jacketed, agitated, glass lined	Volume (m^3)	0.5–25	12,800	88,200	0.4
Tanks					
Floating roof	Capacity (m^3)	100–10,000	113,000	3250	0.65
Cone roof	Capacity (m^3)	10–4800	5800	1600	0.70
Trays					
Sieve trays	Diameter (m)	0.5–5.0	130	440	1.8
Valve trays	Diameter (m)	0.5–5.0	210	400	1.9
Bubble cap trays	Diameter (m)	0.5–5.0	340	640	1.9
Utilities[b]					
Cooling tower and pumps	Flow (l/s)	100–10,000	170,000	1500	0.9
Mechanical refrigeration	Duty (kW)	50–1500	24,000	3500	0.9
Water ion exchange plant	Flow (m^3/h)	1–50	14,000	6200	0.75

[a]Not including heads, ports, brackets, internals, and so on. Wall thickness calculation in Section 20.2.3.
[b]Field assembled.

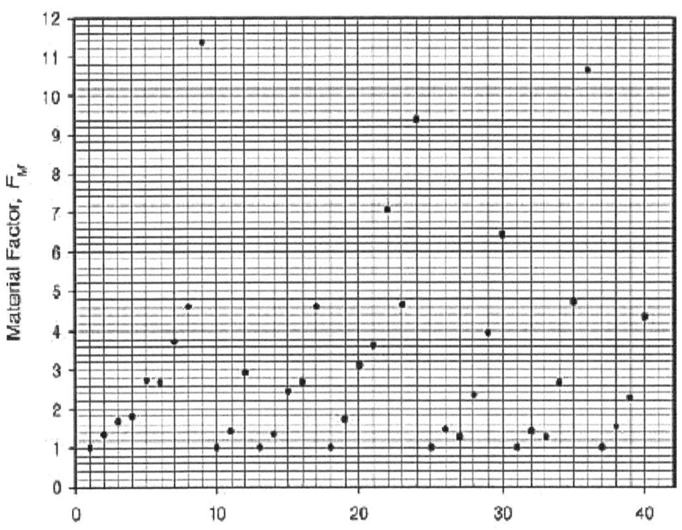

Figure 5 Material factor graphs based on numbers as identified in
Table 5

	MPF	MF	d_0	l_0	C_0	S_0	α	β
Compressors	1.29	5.11	-	-	23000 \$	100 bhp	0.77	-
Blowers	1.00	5.11	-	-	23000 \$	100 bhp	0.77	-
Absorber	3.67	6.23	3 ft	4 ft	1000 \$	-	0.81	1.05
Desorber	3.67	6.23	3 ft	4 ft	1000 \$	-	0.81	1.05
Distillation column	3.67	6.23	3 ft	4 ft	1000 \$	-	0.81	1.05
Flash vessel (< 10 bar)	4.22	6.23	3 ft	4 ft	1000 \$	-	0.81	1.05
Flash vessel (≥ 10 bar)	4.40	6.23	3 ft	4 ft	1000 \$	-	0.81	1.05
Pumps	2.89	5.38	-	-	650 \$	2000 gpm psi	0.36	-
Heat exchanger (< 100 ft^2)	2.08	3.83	-	-	300 \$	5.5 ft^2	0.024	-
Heat exchanger (≥ 100 ft^2)	3.08	5.29	-	-	5000 \$	400 ft^2	0.65	-

Table 7 Parameters for investment cost estimation using Guthrie's method for the

different unit operations

Reference: *Son et al. Techno-economic versus energy optimization of natural gas liquefaction processes with different heat exchanger technologies, Energy, (245), 2022, https://doi.org/10.1016/j.energy.2022.123232*

Equipment	Type	C_p^0		
		K_1	K_2	K_3
MCHE	Flat plate (FPHE)	4.6656	−0.1557	0.1547
	Spiral tube (STHE)	3.9912	0.0668	0.243
Compressor	Centrifugal	2.2897	1.3604	−0.1027
Cooler	U-tube	4.1884	−0.2503	0.1974
Expander	Axial gas turbines	2.7051	1.4398	−0.1776

Table 8 Cost constants for the cryogenic exchanger as presented by Son et al.

Referência

1. Abd-Alla, Gamal Hassan. (2002). Utilização da recirculação dos gases de escape em motores de combustão interna: uma análise. *Energy Conversion and Management, 43*(8), 1027-1042.

2. Ahmed, Awais, Esmaeil, Khaled Khodary, Irfan, Mohammad A, & Al-Mufadi, Fahad A. (2018). Metodologia de projeto de gerador de vapor de recuperação de calor em concessionária de energia elétrica para recuperação de calor residual. *Revista Internacional de Tecnologias de Baixo Carbono, 13*(4), 369-379.

3. Bianchi, Giuseppe, Panayiotou, Gregoris P, Aresti, Lazaros, Kalogirou, Soteris A, Florides, Georgios A, Tsamos, Kostantinos, . . . Christodoulides, Paul. (2019). Estimativa da recuperação de calor residual na indústria da União Europeia. *Energia, Ecologia e Ambiente, 4*, 211-221.

4. Bidar, Bahareh, & Shahraki, Farhad. (2018). Avaliações energéticas e exergo-económicas de sistemas CHP baseados em turbinas a gás: Um estudo de caso da planta de utilidade SPGC. *Jornal Iraniano de Química e Engenharia Química (IJCCE), 37*(5), 209-223.

5. Brückner, Sarah, Liu, Selina, Miró, Laia, Radspieler, Michael, Cabeza, Luisa F, & Lävemann, Eberhard (2015). Tecnologias de recuperação de calor de resíduos industriais: Uma análise económica das tecnologias de transformação de calor. *Applied Energy, 151*, 157-167.

6. Champier, Daniel. (2017). Geradores termoeléctricos: Uma revisão das aplicações. *Conversão e Gestão de Energia, 140*, 167-181.

7. Dal Magro, Fabio, Savino, Stefano, Meneghetti, Antonella, & Nardin, Gioacchino. (2017). Acoplamento da extração de calor residual por materiais de mudança de fase com geração de vapor superaquecido na indústria siderúrgica. *Energia, 137*, 1107-1118.

8. Farhat, Obeida, Faraj, Jalal, Hachem, Farouk, Castelain, Cathy, & Khaled, Mahmoud. (2022). Uma revisão recente sobre metodologias e aplicações de recuperação de calor residual: Revisão abrangente, análise crítica e potenciais recomendações. *Cleaner Engineering and Technology, 6*, 100387.

9. Fu, Jianqin, Jingping, Liu, Yanping, Yang, & Hanqian, Yang. (2011). *Um estudo sobre a perspetiva de recuperação de energia dos gases de escape do motor.*

10. Ganapathy, V. (1996). Geradores de vapor de recuperação de calor: Understand the basics. *Chemical engineering progress, 92*(8), 32-45.

11. Jadhao, JS, & Thombare, DG. (2013). Revisão sobre a recuperação de calor dos gases de escape para o motor IC. *Revista Internacional de Engenharia e Tecnologia Inovadora (IJEIT), 2*(12).

12. Jaziri, Nesrine, Boughamoura, Ayda, Müller, Jens, Mezghani, Brahim, Tounsi, Fares, & Ismail, Mohammed. (2020). Uma revisão abrangente dos geradores termoeléctricos: Technologies and common applications. *Energy Reports, 6*, 264-287.

13. Jouhara, Hussam, Khordehgah, Navid, Almahmoud, Sulaiman, Delpech, Bertrand, Chauhan, Amisha, & Tassou, Savvas A. (2018). Tecnologias e aplicações de recuperação de calor residual. *Progresso da Ciência e Engenharia Térmica, 6*, 268-289.

14. Karellas, S., Leontaritis, A.-D., Panousis, G., Bellos, E., & Kakaras, E. (2013). Análise energética e exergética de sistemas de recuperação de calor residual na indústria do cimento. *Energy, 58*, 147-156.

15. Kaşka, Ö. (2014). Análise energética e exergética de um Rankine orgânico para geração de energia a partir da recuperação de calor residual na indústria siderúrgica. *Conversão e Gestão de Energia, 77*, 108-117.

16. Kazmi, Bilal, Haider, Junaid, Taqvi, Syed Ali Ammar, Qyyum, Muhammad Abdul, Ali, Syed Imran, Awan, Zahoor Ul Hussain, . . . Naqvi, Salman Raza. (2022). Avaliação termodinâmica e económica do líquido iónico à base de anião ciano funcionalizado para remoção de CO_2 do gás natural integrado com, processo de liquefação de refrigerante misto único para energia limpa. *Energia, 239*, 122425.

17. Long, R., Bao, Y., Huang, X., & Liu, W. (2014). Análise exergética e seleção do fluido de trabalho do ciclo orgânico de Rankine para recuperação de calor residual de baixo grau. *Energia, 73*, 475-483.

18. Kumar, AKBA, Nikam, KC, & Behura, Aruna K. (2020). Uma análise exergética de uma central térmica de 250 MW. *Renewable Energy Research and Applications, 1*(2), 197-204.

19. Mahmoudi, A, Fazli, M, & Morad, MR. (2018). Uma revisão recente da recuperação de calor residual pelo Ciclo Rankine Orgânico. *Engenharia Térmica Aplicada, 143*, 660-675.

20. Mitra, Subhasish (2015). Considerações sobre o projeto de um sistema de óleo quente. *New Castle, Inglaterra*.

21. Mori Junior, R., Fien, J., & Horne, R. (2019). Implementando os ODS da ONU nas universidades: desafios, oportunidades e lições aprendidas. *Sustainability: O Jornal da Record, 12*(2), 129-133.

22. Mukherjee, Rajiv. (1998). Projetar eficazmente permutadores de calor de casco e tubo. *Chemical engineering progress, 94*(2), 21-37.

23. Patil, Dipak S, Arakerimath, Rachayya R, & Walke, Pramod V. (2018). Materiais termoelétricos e trocadores de calor para geração de energia - uma revisão. *Revisões de energia renovável e sustentável, 95*, 1-22.

24. Rashidi, M., Mahariq, I., Alhuyi Nazari, M., Accouche, O., & Bhatti, M. M. (2022). Revisão abrangente sobre a análise exergética de trocadores de calor de casco e tubo. *Journal of Thermal Analysis and Calorimetry, 147*(22), 12301-12311.

25. Sdg, U. (2019). Objectivos de desenvolvimento sustentável. *O relatório de progresso da energia. Tracking SDG, 7*, 805-814.

26. Shah, Binoy. (2016). *Sistema de óleo quente.*

27. Tohidi, Farzad, Holagh, Shahriyar Ghazanfari, & Chitsaz, Ata. (2022). Geradores termoeléctricos: A comprehensive review of characteristics and applications. *Applied Thermal Engineering, 201*, 117793.

28. Youssef, Mayssa, Al Zahr, Sawsan, & Gagnaire, Maurice. (2011). Translucent network design from a CapEx/OpEx perspective. *Photonic Network Communications, 22*(1), 85-97.

29. Zhar, R., Allouhi, A., Jamil, A., & Lahrech, K. (2021). Um estudo comparativo e análise de sensibilidade de diferentes configurações de ORC para recuperação de calor residual. *Estudos de caso em engenharia térmica, 28*, 101608.

Printed by Books on Demand GmbH, Norderstedt / Germany